W0307597

1682

J.B. METZLER

KINDLER KOMPAKT
KLASSIKER DER NATURWISSENSCHAFTEN

Ausgewählt von Michael Hagner

J.B. Metzler Verlag

Kindler Kompakt bietet Auszüge aus der dritten, völlig neu bearbeiteten Auflage von *Kindlers Literatur Lexikon*, herausgegeben von Heinz Ludwig Arnold. – Die Einleitung wurde eigens für diese Auswahl verfasst und die Artikel wurden, wenn notwendig, aktualisiert.

Michael Hagner ist Professor für Wissenschaftsforschung an der ETH Zürich.

Inhalt

Auf dem Olymp der Naturwissenschaften hausen viele Götter

Michael Hagner

Wer sich an einem Kanon der naturwissenschaftlichen Literatur versucht, stößt früher oder später auf die Frage, ob es Klassiker in diesem Feld überhaupt geben kann. In Literatur, Philosophie oder Geschichtsschreibung werden Klassiker durch ein regelmäßig zu erneuerndes Gütesiegel charakterisiert, auf dem steht: *Lektüre immer noch lohnenswert*. Ob das im weitverzweigten Garten der Lesekultur immer befolgt wird, wäre zu untersuchen, aber im Prinzip werden die Werke Platons oder Jacob Burckhardts immer noch mit der Leidenschaft und Ernsthaftigkeit gelesen, die ihre Texte in enge Nachbarschaft zu unserer Gegenwart rückt.

In den Naturwissenschaften ist das anders. Kein Physiker liest heute noch Isaac Newton, kein Chemiker Antoine Lavoisier. Mehr als alle anderen Wissenschaften halten es die Naturwissenschaften mit Max Webers Einsicht, dass Sinn und Erfüllung wissenschaftlicher Arbeit darin bestehe, überholt zu werden. Eingespannt in die Gesetzmäßigkeit des Fortschritts, müsse jeder forschende Wissenschaftler damit rechnen, dass seine Arbeit in wenigen Jahrzehnten irrelevant sei. Weber war höflich genug, nicht zu sagen, dass sich die wissenschaftliche Wahrheit von heute nicht selten als falsch erweist, aber auch das wird gerne in Kauf genommen: Für den Erkenntnisfortschritt ist der Irrtum konstitutiv.

Wenn also naturwissenschaftliches Wissen trotz der Langlebigkeit etwa von Euklids Geometrie weniger Aussicht auf unbefristete Gültigkeit hat als Literatur oder Philosophie, dann ist nach anderen Kriterien Ausschau zu halten, die den Status des Klassikers rechtfertigen. Ein geeigneter Kandidat wäre die berühmte Formel, wonach jede neue wissenschaftliche Generation *Auf den Schultern von Riesen* steht und deswegen, selbst wenn es sich um Zwerge handelt, weiter sieht als die Vorgänger. Das klingt plausibel, sofern in diesem Akkumulationsmodell auch der unvermeidliche Irrtum integriert bleibt. Als Riesen könnte man dann diejenigen wissenschaftlichen Taten bezeichnen, die zur Verunsicherung oder Überwindung einer bis dahin gültigen Ansicht beigetragen und mit ihrem Neuansatz etwas geschaffen haben, das selbst wieder neue Forschungen inspirierte. Je größer der Beitrag zur Neuordnung oder gar Neuschaffung eines wissenschaftlichen Feldes, desto leichter lässt sich von einem Klassiker reden, ohne sich mit der Frage abplagen zu müssen, ob eine solche Arbeit auch heute noch der wissenschaftlichen Wahrheit entspricht. Insofern lassen sich Galen und Conrad Gesner ebenso unter die Klassiker einreihen wie Galileo Galilei und Charles Darwin.

Die historisierende Perspektive reicht noch weiter, und dabei geht es um mehr als die Zweifel, ob eine bestimmte Erkenntnis heute noch als wahr bzw. relevant zu bezeichnen ist. Viel radikaler wäre zu fragen, ob man die Vorgehensweise, die zu jener Erkenntnis führte, überhaupt als Wissenschaft ansehen würde. Nach Immanuel Kant bemisst sich die Wissenschaftlichkeit einer Disziplin an ihrer Mathematisierbarkeit, und auch wenn diese Maxime nicht immer im strengen Sinne befolgt wurde, sind seither in der Philosophie und in den Naturwissenschaften selbst eine Reihe von Kriterien entwickelt worden, die die Voraussetzung für die Wissenschaftlichkeit einer Forschungsarbeit ausmachen. Dazu zählen Objektivität, Quantifizierung, Experimentalisierung, Falsifikation, Wiederholbarkeit oder Peer Review. Nicht, dass all diese Kriterien für jede einzelne Forschungsarbeit gleich sorgfältig beachtet werden würden, sicher ist nur, dass die meisten Wissenschaften vor 1800 diese Kriterien in kaum einer Weise erfüllt haben. Sollten sie deswegen aus dem Olymp ausgeschlossen werden? Das wäre kurzsichtig, denn erstens hieße das, die gegenwärtigen wissenschaftsmethodischen Maßstäbe zu verabsolutieren, obwohl diese selbst historischen Veränderungen unterworfen sind. Zweitens würde damit in Vergessenheit geraten, dass zahlreiche Probleme, Fragen, Interessen und sogar Vorurteile der jüngsten Wissenschaften nicht so aktuell sind, wie es sich in einem geschichtslosen Raum behaupten lässt.

Selbst in den Bereichen, in denen sich das Denken der Vergangenheit grundlegend vom aktuellen unterscheidet, ist es eine reizvolle

Herausforderung, besser verstehen zu wollen, warum und worin die Unterschiede bestehen – in welcher Weise etwa die Theorie des Äthers in der Physik oder die Theorie der Lebenskraft in der Biologie, die heutzutage sinnlos und unwissenschaftlich wären, in der Vergangenheit eine erhebliche wissenschaftliche Produktivität entfaltet haben. Kurz gesagt, es ist viel sinnvoller, die Wissenschaften in ihrer historischen Wandelbarkeit zu verstehen, als von einem heutigen Wissenschaftskonzept auszugehen, von dem niemand zu sagen wüsste, wie lange es noch Gültigkeit hat.

Wie weit soll der Rahmen der Naturwissenschaften gezogen werden? Der Kantschen Maxime der Mathematisierbarkeit folgte die 1889 durch den Chemiker Wilhelm Ostwald begründete Buchreihe *Klassiker der exakten Wissenschaften*, die bis zum Ausbruch des Ersten Weltkriegs mit großem Erfolg fast 200 Bände herausbringen sollte, obwohl diese Reihe nicht für das allgemeine Publikum, sondern für den universitären Unterricht konzipiert war. Unter »exakt« verstand Ostwald eben eine mathematische oder wenigstens eine experimentell-systematische Behandlung des wissenschaftlichen Gegenstandes, und das umfasste Mathematik, Physik, Chemie und Physiologie. Diese Beschränkung war in sich völlig konsistent, schloss aber weite Bereiche der Beschäftigung mit der Natur – insbesondere der menschlichen Natur – aus, weil Medizin und Lebenswissenschaften als nicht exakt genug angesehen wurden. Darüber hinaus blieb bei *Ostwalds Klassikern* die gesamte Literatur bis zur frühen Neuzeit, mit Ausnahme der griechischen Mathematiker Archimedes, Autolykos und Euklid, unberücksichtigt. Aus heutiger Sicht, da all diese Fächer abkürzungsselig zum sogenannten MINT-Bereich (Medizin, Informatik, Naturwissenschaften, Technik) gezählt werden, ergäbe eine solche Beschränkung keinen repräsentativen Blick auf die Geschichte der Naturwissenschaften. Naturgeschichte, Biologie und Medizin mögen, zumal vor dem 17. Jahrhundert, wenig exakt gewesen sein, doch ohne sie wäre die Physiognomie der Wissenschaften eine ganz andere.

Noch ein weiteres, für die Kanonfrage maßgebliches Merkmal wird an *Ostwalds Klassikern* sichtbar. Zahlreiche der dort veröffentlichten Bücher waren von den Autoren als Artikel, nicht als Bücher geschrieben worden. Dementsprechend sind die Klassikerausgaben oftmals nur dünne Hefte. Damit es etwas mehr nach Buch aussah, behalfen die jeweiligen Band-Herausgeber sich nicht selten damit, dass sie mehrere unabhängig voneinander entstandene Aufsätze eines Autors zusammenfassten. Bisweilen wurden sogar Artikel mehrerer Wissenschaftler, die zum gleichen Problem gearbeitet hatten, zu einem Klassiker komponiert. *Ostwalds Klassiker* waren somit häufig Herausgeber-Konstruktionen, die dem Umstand Rechnung trugen, dass wissenschaftliche Kommunikation schon um 1900 zu einem wesentlichen Teil über Zeitschriftenaufsätze stattfand. Dieser Prozess war in der zweiten Hälfte des 20. Jahrhunderts abgeschlossen, und das Buch spielte in den Naturwissenschaften so gut wie keine Rolle mehr.

Mit der Verschiebung naturwissenschaftlicher Publikationsformen vom Buch zum Artikel ging auch eine Veränderung des Begriffs von Autorschaft einher. Bei *Ostwalds Klassikern* konnte ein Buch mit dem Etikett ›Klassiker‹ aus Artikeln mehrerer Autoren bestehen, die nicht in direktem Austausch miteinander gestanden zu haben brauchten. Damit wurde ein Autorenbegriff installiert, der sich von Literatur und Geisteswissenschaften grundlegend unterscheidet. Eine wissenschaftliche Entdeckung kann Klassiker-Status erhalten, aber sie ist nicht notwendigerweise das Werk eines Einzelnen, sondern das Resultat einer kollektiven Anstrengung. Im 19. Jahrhundert formulierte der französische Physiologe Claude Bernard einen grundlegenden Unterschied zwischen künstlerischer und wissenschaftlicher Produktion: *L'art c'est moi, la science c'est nous*. Damit sollte zum Ausdruck gebracht werden, dass Romane, Opern oder Gemälde von einer Person geschaffen werden, während wissenschaftliche Erkenntnisse im Kollektiv entstehen bzw. nicht an eine bestimmte Person gebunden sind: Ohne Gustave Flaubert gäbe es keine *Madame Bovary*, aber ohne Albert Einstein gäbe es höchstwahrscheinlich die spezielle und die allgemeine Relativitätstheorie, auch wenn sie etwas später und vielleicht in anderer Weise formuliert worden wäre.

Zwar ist eine solche These letztlich unbeweisbar – wir können nicht die historische Situation simulieren, in der Einstein nicht existiert hätte –, und doch ist sie für das naturwissenschaftliche Selbstverständnis prägend geworden: Forschung ist Kollektivarbeit, die nicht selten in Konkurrenz zueinander stattfindet. Und natürlich in direkter

Kollaboration. Seit dem Zweiten Weltkrieg dominieren Veröffentlichungen mit mehreren Autoren, bis hin zu exzessiven einhundert oder mehr Namen, die über einem wissenschaftlichen Artikel von ein paar Seiten stehen. Ist es sinnvoll, hier noch von zuordnungsfähiger Autorschaft zu sprechen? Oder wäre im Falle von technikgestützter Big Science – man denke an das Human Genome Project oder die Teilchenphysik im CERN – eher von namenlosen Klassikern zu reden? Autoren scheinen durch Manager und Koordinatoren substituiert worden zu sein. Möglicherweise entfernen sich die Naturwissenschaften in Zukunft noch viel weiter von dem, was traditionellerweise unter Autorschaft und Publikation verstanden wird, aber schon jetzt ist die Frage nach dem naturwissenschaftlichen Kanon um so verschlungener, je näher man an die Gegenwart rückt.

Bekanntlich gibt es wissenschaftsinterne Kriterien und Institutionen, die für die Zubilligung des Klassikerstatus zuständig sind – allen voran der Nobelpreis. Damit ist die Aufnahme in ein Literatur-Lexikon aber noch nicht legitimiert. Welche Kriterien sollen dann gelten? Als es seinerzeit in der zweiten Auflage des *Kindler* um die Berücksichtigung naturwissenschaftlicher Werke ging, geschah das ausdrücklich unter Ausblendung ästhetischer Kategorien. Das war naheliegend, denn zweifellos gehören Geschichtsschreibung und Philosophie von Anfang an zur europäischen Literatur, was sich für Naturwissenschaften und Medizin aber nicht unbeschwert behaupten lässt. Zwar hat es von Galileo Galilei bis zu Charles Darwin und Norbert Wiener immer wieder vorzügliche Autoren gegeben, aber wenn der Stil das entscheidende Kriterium wäre, dann hätte der naturwissenschaftliche Kanon in einer dünnen Broschüre Platz. Bleibt also nur die über die literarische und über die wissenschaftsimmanente hinausgehende kulturhistorische Bedeutung, die – wie es der verstorbene Heinz Ludwig Arnold in seinem Vorwort zum dritten *Kindler* formuliert hat – »institutionelle und lebensweltliche Kanonresonanz«, die naturwissenschaftliche Werke für das Literatur-Lexikon relevant macht. Das geschah vielfach durch die Rezeption der Bücher selbst, bedeutet aber nicht, dass etwa die Werke eines Carl Friedrich Gauß oder George Boole eine breite Leserschaft außerhalb wissenschaftlicher Fachkreise angezogen hätten, sondern dass die in ihren Werken enthaltene wissenschaftliche Erkenntnis erhebliche Auswirkungen über die entsprechenden wissenschaftlichen Disziplinen hinaus hatte.

Es versteht sich, dass selbst unter einer peniblen Zugrundelegung solcher Kriterien die Auswahl schwierig bleibt. Ein unvermeidliches, von vornherein feststehendes Kriterium bestand darin, nur Bücher und keine Artikel (zugegeben: mit einer einzigen Ausnahme) aufzunehmen. Das hat schmerzliche Konsequenzen: weder die bahnbrechenden mathematischen Aufsätze von Kurt Gödel und Alan Turing noch die wichtigsten Arbeiten zur Molekularbiologie fanden Aufnahme, wie überhaupt die Forschung nach dem Zweiten Weltkrieg, als die Naturwissenschaften sich vom Buch als Medium verabschiedet hatten, nicht mehr hinreichend repräsentiert werden kann. Der Verzicht aufs Bücherschreiben entspricht dem Habitus der modernen Naturwissenschaften, mit den Folgekosten, dass wissenschaftliche Neuentdeckungen von ihren Autoren nur noch in wenigen Ausnahmefällen in einen größeren Denkzusammenhang gestellt werden, der im besten Fall auch von Nicht-Spezialisten nachvollzogen werden kann.

Anstatt einzelne Erkenntnisleistungen zu würdigen, ging es bei der Auswahl darum, solche Werke zu identifizieren, die für die (Neu)-Formierung ganzer Fächer oder auch solcher Forschungsbereiche stehen, die das Gesicht wissenschaftlicher Disziplinen geprägt haben. Das betrifft neben den Theorien und Konzepten vor allem auch die Praktiken und Methoden, ohne welche die ersteren vielfach konturlos wären. Zwar konnte auch hier nicht jedes Fach berücksichtigt werden, aber immerhin umfasst das Spektrum der Wissenschaften Astronomie und Anatomie, Naturgeschichte, Mechanik und Optik, Anthropologie und Embryologie, Sinnesphysiologie, Zellenlehre, organische Chemie, Elektromagnetismus, Algebra, Evolutionstheorie, Genetik, die physikalischen Revolutionen des 20. Jahrhunderts, Psychologie und Neurowissenschaften, Molekularbiologie und Informationswissenschaften. Nicht selten haben Bücher in den aufgezählten Bereichen überraschende Verbindungen zwischen unterschiedlichen Themen, Theorien, Praktiken und Disziplinen hergestellt, die wissenschaftlichen Vorgehensweisen selbst revidiert oder neue philosophische Fragestellungen aufgeworfen, die dann in anderen Zusammenhängen weiterverhandelt wurden. Solche der Spekulation nicht abgeneigten Werke gehören ebenso in einen Kanon wie solche, die auf ingeniöse Weise mit neuen Instrumenten umgehen bzw. neue Messtechniken und Darstellungsmethoden entwickeln.

Mit Bedauern, aber ohne Wehklage ist einzuräumen, dass mit einer Ausnahme nur Werke aus der europäischen Tradition aufgenommen wurden. Gewiss läuft das der Intention des *Kindler*, die Literatur der ganzen Welt zu berücksichtigen, zuwider, und es ist auch hervorzuheben, dass in den letzten Jahren erhebliche Fortschritte bei der Erforschung der außereuropäischen Wissenschaftstraditionen gemacht worden sind. Doch die Einbeziehung solcher Werke mit der Fragestellung, welche von ihnen unter den angeführten Kriterien als klassisch anzusehen wären, hätte die Kompetenzen des Herausgebers bei weitem überschritten. Auch ist zu vermuten, dass der hier ohnehin schon breit gefasste Begriff der Naturwissenschaften noch erheblich weiter hätte gezogen werden müssen. Dagegen wäre nicht das Geringste einzuwenden, aber das hätte eine grundlegend andere Konzeption erfordert, die eher künftigen Spezial-Anthologien zu den Klassikern der weltweiten Wissenschaften vorbehalten bleiben sollte.

Man geht in der Wissenschaftsgeschichte längst nicht mehr davon aus, dass die Wissenschaften im antiken Griechenland erfunden wurden. Bereits Babylonier und Ägypter verfügten über ausgeklügelte mathematische Verfahrensweisen, und auch die Astronomie war diesen Kulturen nicht unbekannt. Das spezifisch Neue im Denkansatz der Griechen lag darin, die Vorgänge in der Natur nicht länger auf göttlichen oder dämonischen Einfluss, sondern auf natürliche Erklärungen zurückzuführen. Dieser Übergang »vom Mythos zum Logos« (W. Nestle) hatte eine Reihe von Konsequenzen: die enge Verbindung von Philosophie und Wissenschaften sowie die Ausbildung eines theoretisch-abstrakten Denkens; das Bestreben, die Vielfalt der Erscheinungen auf wenige Elemente und Prinzipien zurückzuführen; die Annahme einer Analogie zwischen Mikro- und Makrokosmos; die Vorstellung, dass der Kosmos harmonisch geordnet ist; die Einführung mathematischer Beweisverfahren; die Erforschung der Ursachen von Veränderung und Bewegung aller Dinge.

In Athen erhielt niemand Zutritt zur platonischen Akademie, der sich nicht in der Geometrie auskannte. Platons Vorliebe für die Mathematik hängt mit seiner Unterscheidung zwischen Sein und Werden zusammen: Die Mathematik zielt direkt auf die ewigen, der sinnlichen Wahrnehmung unzugänglichen Ideen, die zu erkennen die vornehmste Beschäftigung der Philosophie ausmachen. Das Veränderliche hingegen, den Sinnen zugänglich, kann nur unvollständig erkannt werden. Im *Timaios*, einem seiner späten Dialoge, unternahm Platon schließlich einen naturphilosophischen Gesamtentwurf, der Verbindungspfade zwischen den Ideen und der Erscheinungswelt herstellte. Gegen diese Verbindung von Physik und Metaphysik wendete sich sein Schüler Aristoteles, indem er der »physis« sowohl Materie und Form als auch das Prinzip der Bewegung zusprach. Bewegung und Veränderung, Werden und Vergehen sind jeweilige Aktualisierungen einer Potentialität, die allen Gegenständen, seien es die vier Grundelemente, seien es Pflanzen und Tiere, zukommt. Der enorme Einfluss der aristotelischen Physik mag zur Erklärung beitragen, warum sich in Griechenland trotz Archimedes keine Tradition der mathematischen Physik bilden konnte: diese erklärt das Werden, jene das Sein. Wie differenziert indes die griechische Mathematik im 4. Jahrhunderts vor Chr. war, beweist Euklids *Stoichea*, ein in strenger mathematischer Beweisführung abgefasstes Grundlagenwerk der Geometrie, das dem platonischen Anspruch auf von den Sinnen unabhängige, nur mittels des Verstandes erkennbare Wahrheiten entsprach.

Eine weitere Facette des griechischen Denkens bildet die hippokratische Medizin, welche die naturphilosophische Annahme der vier Grundelemente (Feuer, Wasser, Luft, Erde) und der entsprechenden Qualitäten (feucht, trocken, warm, kalt) zur Grundlage der Viersäftelehre (Blut, Schleim, gelbe und schwarze Galle) machte: Das gesunde Funktionieren des Körpers basiert auf einem ausgewogenen Mischungsverhältnis der Säfte, Krankheiten auf humoralen Ungleichgewichten. Diese Lehre wurde in römischer Zeit von Galen weiterentwickelt und um die Anatomie erweitert, so dass ein umfassendes System der Medizin entstand, das bis in die Neuzeit hinein Gültigkeit hatte. Galen, der aus Pergamon stammte, lebte zwar die längste Zeit seines Lebens in Rom, schrieb aber auf Griechisch. Und Rom selbst? Es ist schwierig zu erklären, warum dieses souveräne, so lange währende Imperium, das über eine eigene Literatur verfügte, so wenig Eigenständiges bei der Beschäftigung mit der Natur hervorbrachte. Immerhin war ein römischer Verwaltungsbeamter der Begründer der Stubengelehrsamkeit: Mit einem immensen Lektüreaufwand schrieb Plinius seine vielbändige *Naturalis historia* zusammen, die einen einzigartigen enzyklopädischen Überblick über das Wissen der damaligen Zeit verschaffte.

Mit dem Ende des Römischen Reiches und den Völkerwanderungen der Spätantike gerieten die griechischen Wissenschaften in Vergessenheit. Die hippokratisch-galenische Medizin wurde durch heilkundliches Alltagswissen ersetzt, dem eine anatomisch-physiologische Fundierung unbekannt war (was damals nicht unbedingt zum Nachteil der Kranken sein musste). Anders als in Byzanz spielte die griechische Sprache im Westen kaum noch eine Rolle, und nur wenige Quellen wie einige Schriften des Aristoteles, der *Timaios* und Euklids *Stoichea* wurden ins Lateinische übersetzt. Vielmehr traten die meisten Werke der griechischen Wissenschaften und Philosophie eine lange und weite Reise Richtung Osten an, bis nach Damaskus und Bagdad, die als gelehrte Zentren der seit dem 7. Jahrhundert rasch expandierenden islamischen Zivilisation galten. Seit dieser Zeit erfolgte, bisweilen mit dem Umweg über das Syrische, die Übersetzung der griechischen Werke ins Arabische.

Es ist präziser, von einer arabischen und nicht von einer islamischen Wissenschaft zu sprechen, weil daran jüdische und christliche Gelehrte ebenso Anteil hatten wie islamische. Deren gemeinsamer Nenner war die arabische Sprache. Häufig ist diese ungefähr vom 9. bis zum 12. Jahrhundert andauernde Blütezeit, die im Wesentlichen höfisch verankert war und vom mäzenatischen Wohlwollen der Souveräne abhing, als Transmissionsriemen zwischen Antike und lateinischem Mittelalter bezeichnet worden, doch das greift zu kurz. Zwar konzipierten die arabischen Gelehrten die Wissenschaften nicht grundsätzlich neu, aber sie gingen über die bloße Rezeption traditionellen Wissens weit hinaus. Zum Beispiel in der Astronomie:

Grundlage war die geozentrische griechische Kosmologie, aber darüber hinaus erfanden sie Beobachtungs- und Recheninstrumente und erstellten neue Sterntafeln. In der Mathematik übernahmen sie die der europäischen überlegene indische Arithmetik und Algebra und adaptierten in diesem Zusammenhang das indische Zahlensystem mitsamt der Null, die in der griechisch-römischen Tradition unbekannt gewesen war. Besonders hervorzuheben aus der arabischen Epoche der Wissenschaftsgeschichte ist der bahnbrechende optische Traktat *Kitab al-Manazir* von Ibn al-Haytham, der nicht bloß die Camera obscura erfand, sondern auch die antike Theorie der aus dem Auge austretenden Sehstrahlen verwarf und damit den Weg für die neuzeitliche Sehtheorie und Optik bahnte.

Auch die Wissenschaften im lateinischen Mittelalter begannen mit Übersetzungen. Ab dem 11. Jahrhundert kam es zu einem erneuten regen geistigen Austausch zwischen islamischen, christlichen und jüdischen Gelehrten, der nun im westlichen Mittelmeerraum, namentlich in Spanien und in Sizilien stattfand. Gegen Ende des 12. Jahrhunderts waren die bedeutendsten Werke der griechischen und arabischen Wissenschaften ins Lateinische übersetzt, einige davon wurden zur Grundlage des Unterrichts an den neu gegründeten Universitäten in Paris, Oxford oder Bologna.

Übersetzungen aus dem Arabischen und dann auch zunehmend direkt aus dem Griechischen – was einem verstärkten Wunsch nach philologischer Genauigkeit entsprach – führte nicht gleich zu neuen Wissenschaften. Ähnlich wie für die islamische Naturforschung ist auch im Hinblick auf das christliche Spätmittelalter, also die Zeit zwischen dem 13. und dem frühen 16. Jahrhundert, die Frage gestellt worden, ob es mehr geleistet habe, als das tradierte arabisch-griechische Wissen zu adaptieren und zu verwalten. Von revolutionären Umbrüchen konnte keine Rede sein. Die geozentrische Kosmologie stand ebenso außer Frage wie die Medizin Galens, und die aristotelische Physik blieb trotz einiger Zweifel der gültige Referenzpunkt.

Neben, oder besser: unterhalb der großen Autorität der antiken Erkenntnisse gab es eine praktische Ebene der Wissensdynamik, die häufig durch konkrete Bedürfnisse und Notwendigkeiten ausgelöst wurde. Die Erfindung der Brille im späten 13. Jahrhundert gehört zu den großen Leistungen des Spätmittelalters, und auch die Anatomie fand ihren Weg an die italienischen Universitäten – in England und Frankreich war man aus religiösen Gründen erst einmal zurückhaltender –, weil die Chirurgen begriffen, dass sie ihr Handwerk ohne gründliche Kenntnis des Körperbaus kaum ausüben konnten. Die Botanik entwickelte sich im Rahmen landwirtschaftlicher und arzneikundlicher Bedürfnisse, die Mechanik profitierte von dem praktischen Wissen, das zum Bau von Schiffen, zum Betrieb von Wind- und Wassermühlen sowie zur Beherrschung statischer Probleme in der Architektur notwendig war. Die Alchimie schließlich, ebenfalls aus arabischen Quellen gespeist, oszillierte zwischen handwerklichen Fertigkeiten (z. B. Metallurgie, Glasbrennerei oder Destillationsmethoden) und magischen Vorstellungen, die ihr wichtigstes Ziel in der Suche nach dem »Stein der Weisen« sahen.

Zugespitzt und vereinfacht lässt sich sagen, dass technische Revolutionen des Spätmittelalters wie Schießpulver, Kompass und Buchdruck – alle drei waren zuvor bereits in China entwickelt worden – am Beginn der neuzeitlichen Wissenschaft und Fortschrittsgläubigkeit stehen. Diese Auffassung vertrat 1621 bereits Francis Bacon, der mit seinem Programm einer empirisch ausgerichteten Neugestaltung der Wissenschaften den berühmt gewordenen Anspruch formulierte, der gesündeste Ehrgeiz des Menschen bestehe darin, sich die gesamte Natur untertan zu machen. Kompass und entsprechende Karten waren unverzichtbare Instrumente zur Erkundung und Eroberung der Welt, weil dadurch Schiffe auf offener See einigermaßen sicher navigieren konnten.

Von mindestens ebenso großer Bedeutung für die Entwicklung neuzeitlicher Wissenschaften war der Buchdruck. Zum einen wurden durch die immer weitere Verbreitung der Bücher – zunächst der antiken und arabischen Klassiker, später auch der neu geschriebenen Werke – neue Leserkreise erreicht. Die Kopien von Handschriften hatten in mehr oder weniger geschlossenen Gruppen zirkuliert, die Buchdrucker hingegen wussten nicht genau, wer die Abnehmer ihrer Bücher waren. Der Kreis derjenigen, die potentiell zur Wissensvermehrung beitrugen, wuchs immer mehr an. Zum anderen garantierte der Druck auf Papier eine Stabilisierung des in den Büchern enthaltenen Wissens. Wenn Gelehrte an verschiedenen Orten die gleiche gedruckte Ausgabe lasen, konnten sie sicher sein, dass sie es exakt mit demselben Wissen zu tun hatten, und das betraf Text und Abbildungen gleichermaßen.

Großartiges Beispiel dieser neuen Buchproduktion ist *De humani corporis fabrica* von Andreas Vesalius, der zahlreiche Korrekturen an Galens Anatomie vornahm und die Bedeutung der durch Sektionen erworbenen Kenntnisse anhand spektakulärer Bildtafeln herausstrich. Mit Vesalius emanzipierte und nobilitierte sich die Human-Anatomie, weil er die Möglichkeiten des neuen Mediums erkannte und ausschöpfte wie kein Anatom vor ihm. Auch die Naturgeschichte profitierte vom Buchdruck: Conrad Gesners *Historia animalium* enthielt für jedes beschriebene Tier auch eine Abbildung. Die aus älteren Naturgeschichten stammenden Beschreibungen glich er, wenn immer möglich, mit eigenen Beobachtungen ab. Das tat er jedoch nicht aus Misstrauen gegenüber den Alten oder aus Zweifeln an der Existenz bereits beschriebener Tiere: das Einhorn wurde genauso sorgfältig beschrieben wie das Huhn oder die Kuh.

1543 erschien *De Revolutionibus* von Nikolaus Kopernikus, aber das bedeutete noch keine kopernikanische Wende. Kopernikus selbst und die gelehrte Welt waren offen dafür, Korrekturen an den Lehren der Alten vorzunehmen und neue Hypothesen zu erwägen, doch ein radikal neues Weltbild hatten sie nicht vorgesehen. Entsprechend stellte ein Nürnberger Lutheraner dem Buch des Kopernikus die dialektische Leseanleitung voran, dass man den Heliozentrismus keineswegs für bare Münze nehmen müsse, um die astronomischen Beobachtungen und Berechnungen für brillant und nützlich zu halten. Genau so konservativ wurde das Buch in den nächsten Jahrzehnten – trotz einiger kritischer Stimmen aus katholischen Kreisen – gelesen, bestärkt auch durch Kopernikus selbst, der an etlichen antiken Vorstellungen wie etwa den kreisrunden Planetenbahnen festgehalten hatte. Das allerdings führte zu erheblichen Widersprüchlichkeiten, die erst durch Johannes Keplers 1609 erbrachten Nachweis behoben wurden, dass die Planetenbahnen elliptisch verlaufen.

Kepler und Galileo Galilei hatten sich bereits vor 1600 zum Heliozentrismus bekannt, und es scheint, dass sie zu einer Handvoll von Gelehrten gehörten, die die gewaltige weltanschauliche Sprengkraft dieser neuen Kosmologie begriffen. Um so bemerkenswerter, dass Galilei die Keplerschen Gesetze zeitlebens ignorierte. Dafür wurde er nicht müde, seine mit dem neu erfundenen Teleskop gemachte Entdeckung der Jupitermonde im *Sidereus Nuncius* von 1610 sowie weitere Beobachtungen für die Richtigkeit des Kopernikanismus zu reklamieren. Nachdem die Katholische Kirche 1616 dekretiert hatte, den Kopernikanismus nur noch als Hypothese hinzunehmen und Galilei ausdrücklich ermahnt worden war, sich daran zu halten, führte sein lange angekündigtes Werk über die Weltsysteme 1632 zu dem spektakulären Inquisitionsprozess, der für Galilei mit lebenslangem Hausarrest noch glimpflich endete und das Schisma zwischen Religion und Wissenschaft im kulturellen Gedächtnis bis auf den heutigen Tag fest verankerte. Die kopernikanische Wende war vollzogen. Dazu gehörten auch die fundamentalen Einsichten, die Galilei den neuzeitlichen Naturwissenschaften mit auf den Weg gab, vor allem die Bemerkung, dass das Buch der Natur in der Sprache der Mathematik geschrieben sei, und die für den menschlichen Stolz wenig tröstliche Feststellung, dass es mit wissenschaftlichen Methoden nicht möglich sei, das wahre und innere Wesen der natürlichen Gegenstände zu erkennen. Es könne nur darum gehen, ihre Eigenschaften zu erforschen.

Die Veränderungen im 17. Jahrhundert werden gemeinhin unter dem Begriff Wissenschaftliche Revolution zusammengefasst, der zwar eingängig, aber auch etwas irreführend ist, da er unterschiedliche Entwicklungen umfasst, die sich über einen Zeitraum von mehreren Jahrzehnten abspielten. Dazu zählen der Heliozentrismus und das Ende der kosmologisch-physikalischen Vorherrschaft des Aristotelismus, die Mechanisierung der Natur und die Mathematisierung der physikalischen und astronomischen Forschung, die soziale Organisation von Gelehrten in wissenschaftlichen Gesellschaften wie der Royal Society und die damit verbundene Gründung wissenschaftlicher Zeitschriften, Francis Bacons Inanspruchnahme des Wissens für die Ausweitung der menschlichen Macht und die kaum zu überschätzende Aufwertung von Beobachtung und Experiment, die nicht selten in Kunst- und Wunderkammern durchgeführt wurden. Diese Frühformen des Museums, in denen Naturalien und künstliche Gegenstände aus der ganzen Welt gesammelt und in geselliger Gelehrsamkeit untersucht wurden, waren maßgebliche Räume des Wissens. In ihnen entwickelten sich neue Forschungspraktiken und neue, bis dahin nicht als solche angesehene wissenschaftliche Tugenden wie Neugierde, Staunen und Bewunderung.

Diese angedeutete Vielfalt macht es unmöglich, die Wissenschaftliche Revolution auf die physikalische Trajektorie von Galileo Galilei bis Isaac Newton zu reduzieren, auch wenn dessen *Principia mathematica* die Ideale der Mechanisierung und Mathematisierung so eindrücklich repräsentieren wie kaum ein anderes Werk. Newtons mathematische Behandlung der Bewegungserscheinungen und die Entwicklung des Gravitationsgesetzes begründeten nicht nur die klassische Mechanik, sondern nährten auch die Hoffnung, eine einheitliche Theorie aller Naturphänomene formulieren zu können.

Das Jahrhundert der Aufklärung, große Zeit der Philosophie und der politischen Emanzipation, ist von der Wissenschaftsgeschichte lange unterschätzt worden, zugespitzt in der etwas maliziösen Behauptung, man sei im Wesentlichen damit beschäftigt gewesen, Newton zu verdauen. Einzig der 1789 publizierte *Traité élémentaire de chimie* von Lavoisier wurde immer wieder als Revolution in der Chemie bezeichnet. Bei solchen Betrachtungen wurde jedoch übersehen, dass das 18. Jahrhundert einen völlig neuen wissenschaftlichen Gegenstand hervorgebracht hat, nämlich den Menschen selbst. Dieser war nun nicht mehr, wie noch in der mechanistischen Physiologie von René Descartes, ein gottgeschaffenes Wesen, das aus einer vergänglichen körperlichen Maschine und einer unsterblichen Seele bestand, sondern ein Lebewesen, das dem Vergleich mit anderen Tieren ausgesetzt war. Im *Systema naturae* des Botanikers Carl von Linné, Grundlage der bis heute gültigen Taxonomie im Pflanzen- und Tierreich, fand sich der Mensch als eigenständige Tierart neben dem Affen wieder. Zwar musste Linné einräumen, nicht ein einziges zuverlässiges Gattungsmerkmal zu kennen, das den Menschen vom Affen unterschied, doch seither bestimmt die Suche nach gemeinsamen und unterscheidenden Merkmalen die naturhistorische und biologische Erforschung des Menschen. Politisch besonders schwerwiegende Folgen hatte die durch Johann Friedrich Blumenbach begründete physische Anthropologie. Blumenbach selbst ging es keineswegs um eine stigmatisierende Einteilung der menschlichen »Rassen« (er selbst sprach von »Varietäten«), doch schon zu seinen Lebzeiten wurden intellektuelle und moralische Unterschiede zwischen Menschen auf physische Merkmale, vor allem das Gehirn und den Schädel, zurückgeführt.

Neben der klassifikatorischen Eingliederung des Menschen ins Naturreich stellte sich auch die Frage nach seiner Entstehung. Die damals vorherrschende Ansicht der Schaffung des Menschen als Homunculus in einem göttlichen Schöpfungsakt (Präformation) wurde den Aufklärern immer unplausibler, auch weil körperliche Fehlbildungen (Monstrositäten) nicht in dieses Bild passten. Dennoch setzte sich erst gegen Ende des Jahrhunderts die Ansicht durch, dass die organische Entwicklung einen zeitlichen Index hat, bei dem Organe und Körperteile nacheinander bzw. auseinander hervorgehen. Blumenbach trug zu dieser Lehre (Epigenesis) bei, aber schon vorher hatte Caspar Friedrich Wolff in seiner *Theorie generationis* postuliert, dass die Lebensentstehung bei Pflanzen und Tieren im Prinzip nach ähnlichen Gesetzmäßigkeiten ablaufe. In diesem Forschungshorizont setzte eine rege embryologische Experimentiertätigkeit ein, die mit Karl-Ernst von Baers Entdeckung des Säugetiereis in die Erkenntnis mündete, dass auch der Mensch sich aus dem Ei entwickelt.

Die Produktivität der Entwicklungsgeschichte war Ausdruck einer lebhaften Experimentalisierung des Lebens, die um 1800 einsetzte und in unterschiedlichen Bereichen das Wissen um die Lebensvorgänge umpflügte. Neben der Embryologie bzw. Entwicklungsgeschichte lassen sich mindestens drei Felder identifizieren, auf denen das geschah: erstens die experimentelle Physiologie, die sich systematisch von der beobachtenden Anatomie ablöste und in einigen Bereichen eng an die Physik rückte, beispielsweise in der Nerven- und Muskelphysiologie, welche die von Luigi Galvani aufgeworfene Frage aufgriff, ob die Reizleitung im Nerven auf eine animalische Elektrizität zurückzuführen sei. Mit der positiven Antwort auf diese

Frage exponierte sich in Berlin eine Gruppe um Hermann von Helmholtz und Emil du Bois-Reymond, die für die Physiologie den gleichen Exaktheitsanspruch reklamierte wie für die Physik. Am eindringlichsten artikulieren sich die Verbindungen von Physik und Physiologie in der Gestalt von Helmholtz, der als Physiker mit der Formulierung des Energieerhaltungssatzes die Thermodynamik mitbegründete und wesentliche Beiträge zur Elektrodynamik beisteuerte, als Sinnesphysiologe mehrere neue Bereiche der Erforschung des Sehens und Hörens erschloss. Die Medizin profitierte von all diesen Arbeiten enorm, und zwar sowohl in der klinischen Diagnostik als auch damit, dass ihr ein naturwissenschaftlicher Anspruch zugebilligt wurde. Zu diesem Projekt gehörten sowohl Justus Liebigs chemisch fundierte Stoffwechselphysiologie als auch die vom physiologischen Milieu ausgehende Lehre Claude Bernards, der mit seiner *Introduction à l'étude de la médecine expérimentale* zugleich eine Forschungslogik des Experiments vorlegte.

Zur Verwissenschaftlichung der Medizin trug auch der zweite große Bereich der Lebenswissenschaften bei, der diese zugleich auf ein neues Fundament stellte: die Zellenlehre. Einige ihrer bedeutendsten Beiträge entstanden im gleichen Berliner Umkreis um den Physiologen Johannes Müller wie die experimentelle Physiologie. Es war Theodor Schwann vorbehalten, die Zelle als funktionelles Elementarteilchen des tierischen Organismus zu plausibilisieren, und Rudolf Virchows *Cellularpathologie* postulierte eine neue Medizin, in der Krankheiten als Ausdruck einer gestörten Zellfunktion verstanden wurden.

Im dritten Bereich schließlich ging es um die biologische Herkunft der Tiere inklusive des Menschen und die Infragestellung der bis dahin unbezweifelten Vorstellung, dass Arten eine historisch unveränderliche Entität darstellen. Die eine Erklärung für eine Transformation der Arten ist mit dem Namen Jean-Baptiste Lamarck verbunden, der in seiner *Philosophie zoologique* von deren Höherentwicklung ausging und daneben auch den Mechanismus einer Anpassung an die jeweiligen Umweltbedingungen in Erwägung zog. Dieser Vorschlag war im 19. Jahrhundert recht beliebt, wurde in der zweiten Hälfte des 20. Jahrhunderts – nicht zuletzt aus politischen Gründen – als unwissenschaftlich verworfen und hat in den letzten Jahren unter dem Stichwort ›Epigenetik‹ wieder an Boden gewonnen.

Die andere Erklärung für Artenwandel ist Charles Darwins Theorie der natürlichen Selektion. Ausgehend von der Annahme eines permanenten Kampfes um natürliche Ressourcen, dem zumindest die meisten Arten unterworfen sind, sowie der von dem Geologen Charles Lyell vertretenen Ansicht einer sich über sehr große Zeitabschnitte nur wenig verändernden Welt, postulierte Darwin einen doppelten Mechanismus: bei stetiger minimaler und zufälliger Variation von Generation zu Generation haben diejenigen Veränderungen eine höhere Wahrscheinlichkeit auf Überleben, die besser an die jeweiligen Umweltbedingungen angepasst sind (natürliche Selektion). Dieser Vorgang ist jedoch nicht im Sinne einer unmittelbaren Adaptation an die jeweiligen Gegebenheiten zu verstehen (wie bei Lamarck), sondern als langwieriger Prozess, der von keiner Instanz gesteuert wird und auch kein Ziel kennt. Seither ist der Mensch tatsächlich nur noch, wie Friedrich Nietzsche es einmal formuliert hat, ein kluges Tier in einem abgelegenen Winkel des Weltalls.

Mit der Fokussierung auf die Lebenswissenschaften ist die phänomenale Ausbreitung der naturwissenschaftlichen Forschungen im 19. Jahrhundert nicht annähernd erfasst. Wollte man eine einzelne Figur benennen, deren wissenschaftliches Werk für viele zum Vorbild für die Beschäftigung mit den Naturwissenschaften wurde, so wäre es Alexander von Humboldt. Seine Konzeptualisierung der gesamten Erde als Erkenntnisgegenstand, wie er sie im *Kosmos* zusammenfassend vorstellte, beflügelte Botaniker und Physiologen, Geologen und Anthropologen. Vor allem aber taten sich neue Forschungshorizonte auf, die dann in Disziplinen wie Geographie, Geophysik, Klimatologie oder Pflanzenökologie ausbuchstabiert wurden, bis hin zu Alfred Wegeners Theorie der Kontinentalverschiebung im frühen 20. Jahrhundert.

Humboldt und Darwin gehörten zu den letzten großen Privatgelehrten, ansonsten verlagerte sich die Forschung im 19. Jahrhundert mehr und mehr in die Universitäten. Diese Expansion hing mit einem massiven Ausbau der staatlichen Förderung für die Wissenschaften zusammen, der sich insbesondere in Deutschland mit dem Ausbau der Universitäten zu Stätten der Legierung von Forschung und Lehre sowie einer damit verbundenen Ausdifferenzierung der wissenschaftlichen Disziplinen artikulierte. Zudem bildeten sich Allianzen zwischen Wissenschaft, Technik, Wirtschaft und Militär, die erstmalig einer Einlösung von Bacons Forderung nahekamen, dass die Wissenschaften zum Wohlstand und zur politischen Macht einer Nation einen erheblichen Beitrag leisten. Aus dieser Perspektive wurden etwa die Erfindung des elektrischen Telegraphen, die Konzeptualisierung des Elektromagnetismus, die Begründung der organischen Chemie oder die Einführung der Präzisionsmessung als maßgebliche Beiträge einer Grundlagenforschung angesehen, die sich, im Nachhinein betrachtet, in der praktischen Anwendung ökonomisch und politisch auszahlte.

Das 20. Jahrhundert setzte mit drei Paukenschlägen ein, deren Nachklang auch über 100 Jahre später noch deutlich vernehmbar ist: Seit der Wiederentdeckung der Experimente Gregor Mendels werden die Vererbungsvorgänge auf bestimmte Gesetzmäßigkeiten zurückgeführt, die die Frage nach dem Ort und den genauen Mechanismen dieser Vorgänge überhaupt erst ermöglichten. Seit Sigmund Freuds *Traumdeutung* hat unabhängig von der Haltbarkeit seiner Thesen im Einzelnen ein radikal neues Denken über die menschliche Psyche eingesetzt; und seit Albert Einsteins Relativitätstheorien haben sich die kosmologischen Vorstellungen von Raum, Zeit und Gravitation grundlegend gewandelt. Alle drei Ereignisse hatten und haben weitreichende Weltanschauungsrelevanz.

Vor Einstein galten Raum und Zeit als absolute Kategorien, die die Grundlage aller Erfahrung bilden. Nach Einstein musste man sich mit gekrümmten Räumen und einer je nach Geschwindigkeit des Beobachters unterschiedlich verlaufenden Zeit vertraut machen. Die damit verbundene und vielfach so genannte Krise der Anschauung wurde durch Entwicklungen in Mathematik und Geometrie, die Einsteins Theoriegebilde zum Teil mit ermöglicht hatten, noch weiter verstärkt. Ähnlich gravierend war dann die Infragestellung der Kausalität im Rahmen der Quantenphysik. Zwar hatte Werner Heisenberg seine

Unbestimmtheitsrelation, die eine gleichzeitige Beobachtung von Ort und Geschwindigkeit eines Teilchens ausschloss, auf die subatomare Welt bezogen, aber dass diese Gesetzmäßigkeit Konsequenzen für die philosophische Betrachtung der Welt habe, hatte Heisenberg selbst postuliert. Die Frage, worin diese Konsequenzen bestehen, sind seither Gegenstand anhaltender wissenschaftstheoretischer, philosophischer und weltanschaulicher Diskussionen, etwa Martin Heideggers desillusionierender Einschätzung, dass die Zeit des Weltbildes vorbei sei, oder Richard Feynmans lakonischer Feststellung in QED, dass man sich mit der Absurdität der Natur eben abfinden müsse.

Vor Freud war das Unbewusste als starke, unheimliche Kraft angesehen worden, die aus der Tiefe der menschlichen Biologie heraus agiert und sowohl das Animalische als auch das Krankhafte repräsentiert. Aber erst Freud nahm an, dass dem Regime des Unbewussten eine kohärente Verfassung zugrundeliegt, die auch entschlüsselbar ist. Wie die psychischen Inhalte, deren Struktur er beschrieb, mit den biologischen Mechanismen, die er als wesentliches Moment dieser Prozesse ansah, zusammenhängen, ist seither ein wesentlicher Programmpunkt der Neurowissenschaften. Dabei stand der Top-down-Strategie, von komplexen Phänomenen ausgehend spezifische neuronale Mechanismen zu verstehen, eine ebenso folgenreiche Bottum-up-Methode entgegen, einzelne Reflexe zu untersuchen und diese, wie in Ivan Pavlovs Reflexpsychologie, zum Fundament der Ausbildung von Vernunft und Sittlichkeit zu machen. Wie sich in diesem Geschehen biologische Gegebenheiten und Umweltbedingungen zueinander verhalten, ist sowohl in den Neurowissenschaften als auch in der Biologie eine bis heute kontrovers diskutierte Frage. Nach den furchtbaren Erfahrungen des 20. Jahrhunderts mit einer Umsetzung des biologischen Determinismus in eine barbarische Biopolitik haben Werke wie *The Mismeasure of Man* von Stephen Jay Gould nachhaltig darauf hingewiesen, dass es auch innerhalb dieser Wissenschaften eine historische Reflexionsverpflichtung gibt, die über Entwicklungen und Fehlentwicklungen Rechenschaft ablegt.

Vor Mendel waren die Mechanismen der Vererbung ein Buch mit sieben Siegeln, nach Mendels Demonstration, dass sich merkmalbestimmende Erbfaktoren identifizieren ließen, begann – mit einer

Latenz von fast 40 Jahren – die Phase der experimentellen Genetik, die das Chromosom als Ort des Vererbungsgeschehens und die Anordnung der Gene auf dem Chromosom identifizierte. Die Codifizierung des Gens als Substrat der Vererbung führte wiederum in zwei Richtungen: *nach oben* in dem Sinne, dass es zur sogenannten modernen Synthese aus Genetik und Evolutionstheorie kam, wie sie zuerst von Theodosius Dobzhansky in *Genetics and the Origin of Species* formuliert wurde. Auf die Spitze getrieben wurde diese Verbindung durch Richard Dawkins' populär gewordene These vom egoistischen Gen, in der nicht das Individuum, die Gruppe oder die Art den Hauptakteur der Evolution darstellen, sondern das Gen, das Organismen behandelt wie der Parasit den Wirt.

Nach unten orientierte sich die Forschung in der Weise, dass die Frage nach der chemischen Natur des Gens eine ganz neue Wissenschaft konfigurierte – die Molekularbiologie. Entdeckungen seit dem Zweiten Weltkrieg wie die Identifizierung der DNA als Vererbungsmolekül, die Aufdeckung von dessen Doppelhelix-Struktur, die Mechanismen der Proteinbiosynthese, die Unterscheidung verschiedener funktioneller Gentypen sowie die Entschlüsselung des genetischen Codes waren entscheidende Stationen einer Entwicklung, die schließlich zur Möglichkeit der molekularen Manipulation genetischer Abläufe und zum Human Genome Project führte. Maßgebliche theoretische Stichworte für diese Entwicklung lieferte der Quantenphysiker Erwin Schrödinger, indem er in *What is Life?* verschiedene Hypothesen zur Einbeziehung der Lebenswissenschaften in den physikalisch-chemischen Denkhorizont entwickelte.

Beispielsweise sprach Schrödinger im Zusammenhang mit dem Vererbungsmechanismus vom Code, was eine kybernetisch imprägnierte Deutung der Vererbung geradezu anbahnte. Mit *Kybernetik* bezeichnete Norbert Wiener eine Theorie, die Methoden der statistischen Mechanik für die Regulierung von Kommunikations- und Kontrollprozessen in Maschinen und lebenden Organismen fruchtbar machen sollte. Der Neuansatz dieses Unternehmens bestand darin, dass er sich nicht mehr – wie noch im Materialismus des 19. Jahrhunderts – auf den Kraftbegriff der Mechanik oder den Energiebegriff der Thermodynamik stützte, sondern auf den Informationsbegriff.

Mit der Implementierung dieses und ähnlicher Begriffe wie *Kontrolle, Steuerung, Rückkopplung, Kommunikation, Selbstorganisation, Nachricht* oder *Rauschen* in technische, biologische und auch soziale Systeme gab sich die Kybernetik einen universalistischen Anstrich, der das Versprechen enthielt, eine neue Einheitswissenschaft zu begründen, die Mensch, Wissenschaft und Gesellschaft für die Anforderungen des anbrechenden Computerzeitalters nach dem Zweiten Weltkrieg präparieren sollte. Auch wenn die Epoche der Kybernetik längst der Vergangenheit angehört, so ist es doch unabweisbar, dass es heute mehr denn je um theoretische und praktische Dimensionen der Generierung, Übertragung, Zirkulation, Verarbeitung und Speicherung von Informationen bzw. Daten in natürlichen und künstlichen Systemen geht.

Die erste Krise der Anschauung wurde nach dem Ersten Weltkrieg im Angesicht der neuen Physik empfunden, bei der zweiten Krise der Anschauung nach dem Zweiten Weltkrieg waren es vor allem Atomkraft, Kybernetik und die potentiell zur Technokratie führende Macht des Computers, die Skepsis und Kritik hervorrief. In diesem Gefüge, das durch das politisch so verheerende Zeitalter der Extreme noch verstärkt wurde, entwickelten sich Philosophie, Geschichte und Soziologie der Wissenschaften als Versuch, deren Dynamik auf den Grund zu kommen. Der Wiener Kreis versuchte, angesichts der so abstrakt gewordenen Wissenschaften deren Rationalität dingfest zu machen und Kriterien festzulegen, um Wissenschaft von Nicht-Wissenschaft zu trennen. 2300 Jahre nach Aristoteles ging es wieder um das Programm einer scharfen Differenzierung zwischen Physik und Metaphysik. In diesem Zusammenhang formulierte Karl Popper mit der Theorie der Falsifikation ein Kriterium für Wissenschaftlichkeit, die die Wissenschaft zu einem *ad infinitum* irrtumsanfälligen und also vorläufigen Erkenntnisunternehmen machte. Als Alternative dazu entwickelte Ludwik Fleck ungefähr gleichzeitig die These von Denkstilen und Denkkollektiven als sozialen Formationen, die die Erkenntnisdynamik antreiben, was Thomas Kuhn dann mit der Einführung des Paradigma-Begriffs modifizierte. Schließlich hat Paul Feyerabends grundsätzliche Zurückweisung der naturwissenschaftlichen Behauptung, alle Phänomene des Lebens erklären zu können, die bis heute relevante Frage angeregt, wie diese Ansprüche in der wissenschaftlichen Praxis legitimiert werden. Solche Forschungen über die Wissenschaften sind nicht dazu da, neue Klassiker zu *machen*, wohl aber vermögen sie zu zeigen, wie bestimmte Werke zu Klassikern gemacht wurden.

Bleibt abschließend die Frage, ob in Zukunft überhaupt noch mit Klassikern der Naturwissenschaften gerechnet werden darf. Die liquiden Formen digitaler Kommunikation, die auch die Wissenschaften weiträumig erfasst haben, machen nicht unbedingt den Eindruck, klassikaffin zu sein. Doch der Olymp ist schon öfter mit neuen Göttern bevölkert worden.

Platon

* 428/427 v. Chr. in Athen (Griechenland)
† 348/347 v. Chr. in Athen (Griechenland)

Angehöriger einer hochadligen Familie; ab etwa 408 v. Chr. Schüler des Sokrates; nach Sokrates' Hinrichtung 399 kurzer Aufenthalt bei Eukleides von Megara; ab 399 auch schriftstellerische Tätigkeit; 398–388 Reise nach Ägypten, Kyrene, Unteritalien, Syrakus (zu Dionysios I.; Dion); 388/87 Gründung der Akademie (bedeutendste Universität der antiken Welt); 366–365 zweite Reise nach Syrakus (zu Dionysios II.), 361–360 dritte Reise; im letzten Lebensjahrzehnt öffentliche Vorlesung »Über das Gute«.

Timaios / Timaios

Als eines der letzten Werke des Autors (entstanden zwischen 360 und 350 v. Chr.) galt der Dialog bis zum Beginn der Neuzeit als sein Hauptwerk. In Raffaels *Schule von Athen* ist es der *Timaios*, den Platon den *Ēthika* des Aristoteles entgegenhält. Lange war er die einzige im lateinischen Westen bekannte Schrift des Philosophen, dank einer Teilübersetzung Ciceros und einer kommentierten Ausgabe des christlichen Neuplatonikers Chalcidius aus Cordoba (um 400 n. Chr.). Im *Timaios* äußert sich ein Philosoph, dessen ganzes Forschen auf das unveränderliche Sein der Ideen ausgerichtet ist, bemerkenswerterweise über die Natur des ständigem Wechsel unterworfenen Kosmos.

Nach einem Eingangsgespräch zwischen Sokrates, Kritias, Timaios und Hermokrates, das an eine angebliche Vortagsdiskussion über den besten Staat anknüpft und mit einer vorwegnehmenden Skizze der Atlantis-Erzählung den anschließenden Dialog *Kritias* vorbereitet, beginnt der Pythagoreer Timaios aus Lokroi in Unteritalien eine zusammenhängende Darlegung über die Entstehung der sichtbaren Welt, die drei etwa gleichlange Abschnitte umfasst, von denen jeder mit grundsätzlicheren methodischen und ontologischen Überlegungen beginnt.

Am Anfang erbittet sich Timaios in einem Götteranruf Unterstützung für seine schwierigen Darlegungen und etabliert eine grundlegende Unterscheidung zwischen Sein und Werden; der

Kosmos gehört dem Werden an und ist daher sinnlich wahrnehmbar. Da Timaios über die Welt des Werdens sprechen wird, wird er nur eine »wahrscheinlich klingende Erzählung« bieten können. Der erste Teil stellt das Wirken der Vernunft (›nus‹), also des teleologischen Prinzips, in Gestalt des göttlichen Demiurgen dar. Dieser wendet sich zuerst dem Bau des Weltkörpers zu, der dann mit der Weltseele zusammengefügt wird (deren Aufbau anschließend nachgetragen wird). Auch die Erschaffung der Zeit und der Planeten durch den Demiurgen, der lebenden Wesen, des Menschen und seiner Seele durch die ebenfalls vom Demiurg geschaffenen Untergötter gehört noch dem Wirken des ›nus‹ an.

Das zweite Proömium enthält einen erneuten Götteranruf und weitere grundsätzliche Überlegungen: Nach der Vernunftursache (›nus‹) ist im Werden des Kosmos auch die Ursache der blinden Notwendigkeit (›anankē‹) darzustellen, also des rein kausalen Prinzips, das als Mit-Ursache (›synaition‹) schon in der Grundstruktur der vier Elemente wirksam ist. Ferner ist neben Sein und Werden eine schwierige und dunkle ›dritte Art‹ als Aufnehmerin und Amme des Werdens anzusetzen: der Raum (›chōra‹), erkenntnismäßig wie ontologisch in der Mitte zwischen Sein und Werden. Von der ›anankē‹ her werden die vier Elemente und ihre gegenseitigen Übergänge, die übrigen Grundstoffe und die Sinneswahrnehmungen erklärt. Die Behandlung des Gesichtssinns führt zurück zu der Würdigung des Auges vom teleologischen Standpunkt aus, die am Ende des ersten Hauptteils stand.

Zu Beginn des dritten Teils kehrt die Darstellung kurz zusammenfassend zum Anfang zurück, um sich dann bis zum Dialogende der gegenseitigen ›Verwebung‹ beider Ursachen (›aitiai‹) im Leben des Kosmos zuzuwenden. Der dritte Teil erklärt aus der Verbindung beider Prinzipien die Entstehung der sterblichen Seelenteile, des Körpers und der Körperteile, der Pflanzen, der physiologischen Vorgänge, der Krankheiten, der Frauen und der übrigen Lebewesen.

Der bedächtigen, mit Rückgriffen und Wiederholungen arbeitenden Gedankenführung entspricht der Sprachstil des *Timaios*, vielleicht die großartigste Ausprägung eines persönlichen Altersstils in der Weltliteratur. Hier steht knappe Deduktion neben hochtönender Mythographie; mit Wiederholungen, Neufassungen, Vergewisserun-

gen, Parenthesen, Zwischenreflexionen und immer wieder übereinandergetürmten Bildern schreitet die »wahrscheinliche Darlegung oder Erzählung« (›eikōs logos‹, ›eikōs mythos‹) als die dem Seinsbereich der ›doxa‹ angemessene Darstellungsart voran. Gerade der Verzicht auf scheinbar exakte, gültige Aussagen schafft den Freiraum für umfassende Hypothesenbildung. Von der Empirie sind diese Hypothesen inzwischen weit überholt, von der metaphysischen Problematik jedoch immer noch aktuell und in ihrem methodischen Ansatz stets anregend. Nachzurechnen, was Platon richtig oder falsch gesehen habe (etwa dass er die zentripetale Wirkung der Schwerkraft und die Existenz von Antipoden richtig erkannte und vielleicht schon die Achsendrehung der Erde erwog), ist relativ belanglos; für eine philosophisch orientierte Naturwissenschaft bleibt der *Timaios* einer der tiefgründigsten Modell-Entwürfe, die Antike und Neuzeit hervorgebracht haben.
DIETRICH MANNSPERGER / HEINZ-GÜNTHER NESSELRATH

Aristoteles

* 384 v. Chr. in Stagira, Chalkidike/Thrakien (Griechenland)
† Oktober 322 v. Chr. in Chalkis/Euböa (Griechenland)

Sohn von Nikomachos, dem Leibarzt des Königs Amyntas III. von Makedonien; ab 367 Besuch der Akademie Platons in Athen; verließ die Stadt 347 nach dessen Tod aufgrund anti-makedonischer Spannungen; 345/44 Übersiedlung nach Mytilene auf Lesbos, Bekanntschaft mit Theophrastos, seinem bedeutendsten Schüler; 343/42 von König Philipp II. zum Erzieher seines Sohnes Alexander an den Hof in Pella berufen; 335/34 Rückkehr nach Athen, Lehrer am Lykeion; Gründung des Peripatos im juristischen Sinn erst durch Theophrast; 323 nach Alexanders Tod aufgrund der Auflehnung gegen die makedonische Vorherrschaft Umsiedlung nach Chalkis; seine durch Andronikos von Rhodos um 30 herausgegebene Schriften umfassen sämtliche philosophischen Disziplinen.

Vorlesung über die Natur / Physikē akroasis

Der Eingang dieser zwischen 370 und 322 v. Chr. entstandenen zusammenfassenden Darstellung der aristotelischen Naturphilosophie in acht Büchern verheißt ein Fortschreiten vom für uns Deutlichen zu dem von Natur Deutlichen, das heißt vom Allgemeinen zum Besonderen, vom Prinzipiellen zum Individuellen: »Nennen doch auch die Kinder zunächst alle Männer Vater und alle Frauen Mutter und lernen erst später zu unterscheiden« (1,1; 184 b 13). Dies dürfte als Vorwort für die Gesamtheit der »naturwissenschaftlichen Schriften« des Autors bis hin zur *Zoologie* und den sogenannten *Parva naturalia (Kleine naturwissenschaftliche Abhandlungen)* aufzufassen sein, für die also die *Physikē* die prinzipielle Grundlegung liefern soll. So diskutiert nun Buch 1 Zahl und Art der Prinzipien, Buch 2 grenzt Bereich und Wesen der »physis« ab, Buch 3 rückt die »Bewegung« als wesentliches Merkmal der »physis« in den Blick, Buch 4 behandelt die Begriffe Ort, Leere und Zeit, Buch 5 untersucht Arten und Wesen der Bewegung, Buch 6 die Kontinuität der Bewegung, Buch 7 das Verhältnis von Bewegung und Beweger, Buch 8 schließlich gilt der Ewigkeit der Bewegung und dem Wesen des »Ersten Bewegers«.

Aristoteles beginnt mit einer Kritik der Lehre des Parmenides vom »Einen« (vgl. *Peri physeōs – Über die Natur*). An den Theorien der Naturphilosophen wie des Empedokles (vgl. *Peri physeōs – Über die Natur*) und Anaxagoras (vgl. *Peri physeōs – Über die Natur*), aber auch Platons lässt sich zeigen, dass sie übereinstimmend Gegensätze als die Prinzipien annehmen, also eine Mehrzahl. Aristoteles entscheidet sich für eine Dreizahl, wobei Stoff (»hylē«) und Form (»eidos«) essentiellen, Defizienz, d.h. Formmangel (»sterēsis«), akzidentiellen Charakter haben. Die alte Aporie des Werdens löst sich dadurch, dass es ein solches nur aus akzidentiellem Sein oder Nichtsein gibt. Die »hylē« ist im Gegensatz zur »sterēsis« nur akzidentiell nichtseiend, sie ist vergehend als Defizienz (»sterēsis«), werdend als Potenzialität (»dynamis«).

Der Bereich der »von Natur seienden Dinge« – wie Tiere, Pflanzen, die vier Elemente – wird von dem durch andere Ursachen Seienden geschieden: Sie allein tragen das Prinzip der Bewegung in sich, die sowohl Ortsbewegung als auch Zu- und Abnahme und Veränderung sein kann. Durch Analyse des Sprachgebrauchs, »auf wie viele Arten man von physis spricht«, wird die »physis« definiert sowohl als Prinzip der Bewegung wie als Materie wie auch als Form. Der Naturforscher muss sich um vier Ursachen (»aitiai«) kümmern: Stoff, Form, Bewegungs- und Zweckursache. Zufall und Schicksal haben nur einen beschränkten Wirkungsbereich, im ganzen ist die Natur durch Zwecke bestimmt, wie durch Rückschlüsse aus dem analog gesehenen technischen Hervorbringen (»technē«) des Menschen bewiesen wird. Die Wirkung der Notwendigkeit (»anankē«), der Kausalität, bezieht sich nur auf die Materie, nicht auf den Zweck. Soweit führt der Gedankengang der Bücher 1 und 2.

Der Bewegung als dem wichtigsten Charakteristikum des Naturbereichs gelten die sechs weiteren Bücher. Diese Bewegung wird definiert als die Wirksamkeit (»entelecheia«) des potenziell (»dynamei«) Seienden; ältere Definitionen werden danebengestellt, die Frage nach ihrem Subjekt, nach ihrer Begrenztheit und Unbegrenztheit (»peras kai apeiron«) aufgeworfen. Auch das »apeiron«, die Unbegrenztheit, ist nicht schlechthin auszuschließen, es erscheint aber nur als Potenzialität in der Materie, nicht als eigenständiges Sein. In der Auseinandersetzung mit Früheren, so Platons Theorie des Raumes (»chōra«) im

Timaios, kommt Aristoteles zu seiner Definition des Ortes (»topos«), der weder als Form noch als Materie ein vom Volumen des Gegenstandes unabhängiger Hohlraum, sondern als die unbewegte Begrenzung des Umschließenden aufzufassen ist (4,4; 212 a 20). Dem seit Demokrit so wichtigen »Leeren« wird eigenständiges Sein abgesprochen, die »Zeit« definiert als die kontinuierliche Zahl der Bewegung »gemäß dem Früher und Später« (4,11; 219 b 24). Die traditionellen Schwierigkeiten des Begriffs der Bewegung führen zu einer Auseinandersetzung mit dem Eleaten Zenon. Nur der Kreisbewegung wird Unbegrenztheit zuerkannt, sonst finden sich immer nur Einzelvorgänge zwischen Ausgangs- und Endpunkt. Die Bewegung als solche freilich muss ohne Anfang, also ungeworden und unendlich sein.

Alle Bewegungen erfolgen nun entweder spontan von Natur aus (»physei«), so wie Schweres nach unten, Leichtes nach oben tendiert, oder durch gewaltsamen Eingriff (»bai«). In beiden Fällen aber ist ein

Schöpfer oder Eingreifender als Ursache der Bewegung anzunehmen (8,4). Über die Vorstellung von Bewegern, die selbst durch anderes bewegt sind – wie etwa auch die Sterne –, kommt man zu der Vorstellung von einem obersten, selbst unbewegten Beweger ohne Größe und Ausdehnung, dem die gleichförmige Kreisbewegung als die höchste Bewegungsform zugesprochen wird.

Hier am Schluss, wie auch an anderen Stellen der *Physik*, werden Themen berührt, die Aristoteles dann in den ›Büchern nach der Physik‹, den *Metaphysika* (*Metaphysik*) wieder aufgreift. Dass die *Physik* auch in der Chronologie der Schriften einen früheren Platz einnimmt (wohl zum größten Teil noch vor dem Weggang des Aristoteles aus Athen und der Akademie in Platons Todesjahr 347 v. Chr. entstanden), ist unbestritten und vielfach klar erkennbar, so etwa am Begriff der »hylē«, der zunächst dem Wortsinn nach nur »Bauholz«, als metaphorisches Beispiel für das Gemeinte, bedeutet, um dann in Buch 1,9; 192 a 5 als das allgemein Zugrundeliegende terminologisch so fixiert zu werden, wie er es in der *Metaphysik* von Anfang ist. Erhält die *Physik* damit ihren Überbau in der *Metaphysik*, so steht sie ihrerseits an der Spitze der naturwissenschaftlichen Schriften *Peri uranu* (*Vom Himmel*), *Peri geneseōs kai phthoras* (*Über Werden und Vergehen*), *Meteōrologika* (*Meteorologie*), *Peri ta zōa historiai* (*Zoologie*), *Peri zōōn moriōn* (*Über die Teile der*

Tiere), Peri zōōn geneseōs (Über die Erzeugung der Tiere), Peri zōōn poreias (Über die Fortbewegung der Tiere).

Die physikalische Vorlesung des Aristoteles hat mit ihren scharfen Abgrenzungen und Definitionen des Naturbereichs und seiner Phänomene entscheidend zu der die Folgezeit bestimmenden Entgegensetzung von Natur und Geist als zweier wesensverschiedener Bereiche beigetragen. Aristoteles führte hierbei eine Entwicklung zum Abschluss, die von der vorsokratischen Naturphilosophie herkam, wo man nach einer einheitlichen »physis« aller Dinge gefragt hatte. Die Sophistik fixierte dann einen materialistischen Naturbegriff, den sie als Normbereich in die Antithese »physis-nomos« (Natur-Menschensatzung) einspannte. Platon hatte sich dieser Polarisierung noch einmal widersetzt; für ihn war »physis« der lebendige Zusammenhang der ganzen – und gerade auch der geistigen – Wirklichkeit, der dem Menschen zur Erforschung aufgegeben ist. Aristoteles verrät zwar im Wortgebrauch allenthalben dieses platonische Erbe; doch diente sein Entwurf einer ›Physik‹ als der Wissenschaft von den vielfach bewegten natürlichen Dingen gerade der Selbstabgrenzung dieses jungen Philosophen gegen Platons Ideenlehre, und seine dem gesunden Menschenverstand so einleuchtenden Definitionen haben sich schließlich auch durchgesetzt. So hat man betonen können, dass letztlich erst die verwandelte Physik des 20. Jh.s die aristotelische Grundlage verlassen hat – was eine Rückkehr zu Platon und Demokrit bedeutet –, während die klassische Physik des 19. Jh.s bis Helmholtz und Hertz an der aristotelischen Annahme der Kontinuität und der prinzipiellen Anschaulichkeit alles Naturgeschehens festgehalten hatte.

DIETRICH MANNSPERGER

Euklid

* um 365 v. Chr. (Ort unbekannt)
† um 300 v. Chr. (Ort unbekannt)

Nur wenig Biographisches bekannt; die beste Quelle zur Person ist eine kurze Bemerkung von Proklus aus dem 5. Jh. n. Chr., dass Euklid in Alexandria zur Zeit der Herrschaft von Ptolemäus I. (323–285 v. Chr.) wirkte; genauere Lebensbeschreibungen sind Dichtung und metaphorischer Diskurs über die Werke; keine Quelle widerlegt die Vorstellung, Euklid sei eine Mathematikergruppe gewesen.

Die Elemente / Stoicheia

Die 13 ›Bücher‹ von Euklids *Stoicheia*, der Prototyp systematischer Darstellung mathematischer Theorien und eine der erfolgreichsten Schriften der Menschheitsgeschichte überhaupt, wurden vermutlich im ersten Viertel des 3. Jh.s v. Chr. redigiert. Über Vorläufertexte (Hippokrates von Chios u. a.) ist wenig bekannt, noch weniger über den Autor oder die Autoren und die Entstehung der *Stoicheia*. Zweifellos allerdings gehen Teile des Werkes inhaltlich auf frühere Arbeiten (insbesondere *Eudoxos* für Buch V und *Theaitētos* für Buch X) zurück.

Charakteristisch für die Textgattung der *Stoicheia* ist die streng deduktive Aufbereitung des Stoffes. Aus Axiomen und Postulaten werden nacheinander 465 Lehrsätze (bzw. Konstruktionsaufgaben) durch explizite Beweise abgeleitet (bzw. gelöst). Die Beweise sind nach strengen Regeln abgefasst. Sie schließen mit der bekannten Formel: »Was zu zeigen [bzw. zu machen] war.« Der deduktive Aufbau betont die Referenzierung des Inhalts nach Lehrsätzen, die – spätestens seit Pappos, 4. Jh. n. Chr. – fortlaufend nummeriert werden. Der Text steht absolut und enthält weder explizite Bezüge auf sein Zustandekommen noch pädagogische Fingerzeige. Diese Umstände rücken die *Stoicheia* in die Nähe griechischer Gesetzestexte seit dem 5. Jh. v. Chr., was freilich ihrer jahrhundertelangen Benutzung als Lehrbuch (meist in Auszügen und Bearbeitungen) nicht im Wege stand. Die überreiche und komplexe Überlieferung der *Stoicheia* umfasst griechische, arabische (Erstübersetzung unter Harun-ar Raschid in Bagdad) und mittelalterliche lateinische Manuskripte (die vorwiegend auf arabischen Versionen beruhen); die ältesten vollständig erhaltenen Codices stammen aus dem 9. und 10. Jh. n. Chr. Seit 1482 wurden mehr als 1000 verschiedene Buchausgaben gedruckt.

Die *Stoicheia* entwickeln die Anfangsgründe der Geometrie (in der Ebene und im Raum) sowie der Zahlentheorie. Die deduktive Systematik des Werks fördert dabei viele wichtige Einsichten zutage. Beispielsweise wird als letztes Postulat in Buch I das »Parallelenaxiom« hervorgehoben. Es ist gleichbedeutend damit, dass es zu einer Geraden in der Ebene genau eine dazu parallele Gerade gibt, die durch einen gegebenen Punkt der Ebene geht; es sorgt u. a. dafür, dass ebene Dreiecke die Winkelsumme von 180° haben. Bis ins frühe 19. Jh. wurde immer wieder versucht, das Parallelenaxiom aus den übrigen Axiomen und Postulaten abzuleiten; es ist aber von diesen unabhängig, d. h. es gibt ›nicht-euklidische Geometrien‹, in denen es nicht erfüllt ist (C. F. Gauß, J. Bolyai, N. Lobatschewski).

Euklids Geometrie der Ebene (Bücher I–IV und VI) wird unterbrochen durch die äußerst abstrakte Theorie der Proportionen zwischen vergleichbaren Größen (Buch V, in welches Mathematiker des späten 19. Jh.s eine arithmetische Konstruktion reeller Zahlen hineinlesen konnten). So wird z. B. der sogenannte Satz des Pythagoras schon im ersten Buch abgeleitet (I.47), seine Verallgemeinerung aber (VI.31), in der beliebige gleichartige Figuren anstatt Quadraten auf den Dreiecksseiten errichtet werden, wie auch die Theorie ähnlicher Dreiecke und die Strahlensätze, benötigen zum Beweis die Ergebnisse von Buch V. Die ebenfalls streng deduktiv vorgetragene Zahlentheorie in den *Stoicheia* (Buch VII–IX) beginnt mit dem sogenannten Euklidischen Algorithmus: Division mit Rest und größter gemeinsamer Teiler ganzer Zahlen (zu denen bei Euklid weder 0 noch 1 noch negative Zahlen gehören). Weiterhin wird (VII.30) die entscheidende Eigenschaft einer Primzahl abgeleitet, nur dann ein Produkt zu teilen (bei Euklid: »zu messen«), wenn sie mindestens einen Faktor teilt. Auch wird bewiesen (IX.20), dass es unendlich viele Primzahlen gibt. Buch X, das eine zweite Antwort (nach Buch V) auf die Existenz von Größenverhältnissen darstellt, die sich nicht als Verhältnis ganzer Zahlen darstellen lassen, bietet eine Klassifikation gewisser solcher in der Geometrie auftretender inkommensurabler Größenverhältnisse. Diese Klassifikation wurde zwar so in der späteren Mathematikgeschichte nicht weitergeführt, hat aber gerade durch ihre Schwierigkeit inspirierend gewirkt, z. B. im 16. Jh. auf Girolamo Cardano und seine Formulierung der algebraischen Auflösung kubischer Gleichungen.

Nach der grundlegenden Geometrie im Raum (Buch XI und XII) werden Euklids *Stoicheia* gekrönt (Buch XIII) durch die Konstruktion der fünf konvexen regulären Polyeder (die sogenannten platonischen Körper) Tetraeder, Würfel, Oktaeder, Dodekaeder und Ikosaeder sowie durch den Beweis, dass diese Liste vollständig ist.

Abgesehen von ihrer methodischen Vorbildfunktion, die weit über die Mathematik hinausreichte – siehe z. B. Newtons *Principia* –, haben Euklids *Stoicheia* auch inhaltlich für rund zwei Jahrtausende das Bild der Mathematik als Lehre von den räumlichen (Geometrie) und Zahlgrößen (Arithmetik) festgeschrieben, wie es ungeachtet aller Umwälzungen seit dem 16. Jh. sogar noch in Kants Philosophie der Mathematik, die auf den zwei reinen Anschauungsformen Raum und Zeit beruht, wie selbstverständlich im Hintergrund stand. Im 19. Jh. zeugen die nicht-euklidischen Geometrien, die neue Interpretation der Axiomatik bei David Hilbert und auch die logische Schule in Großbritannien (de Morgan, Babbage, Peacock u. a.) von einer neuartigen fruchtbaren Auseinandersetzung mit Euklids Vermächtnis.

NORBERT SCHAPPACHER

Hippokratische Schriften (Corpus Hippocraticum)

Die Sammlung der hippokratischen Schriften (*Corpus Hippocraticum*) umfasst die ältesten medizinischen Texte der abendländischen Heilkunde und verweist auf einen Autor mit Namen Hippokrates, über dessen Leben und Werk nur wenige authentische Nachrichten erhalten sind (vermutlich geboren um 460 v. Chr. auf Kós, gestorben um 370 v. Chr. in Larissa). Man geht von mehreren Verfassern – über die mit einer Ausnahme (*Über die Natur des Menschen* von Polybos, der ein Schüler und Schwiegersohn des Hippokrates war) nichts Sicheres bekannt ist – und von einer längeren Entstehungszeit aus. Die Sammlung wurde von alexandrinischen Ärzten der ptolemäischen Zeit zusammengestellt und besteht nach der Zählung E. Littrés aus 53 Schriften. Man nimmt gegenwärtig an, dass keine der Schriften älter als Hippokrates ist und dass die jüngsten aus dem 1. Jh. n. Chr. stammen.

Die Sammlung umfasst Texte zu fast allen Teilen der Medizin außer der menschlichen Anatomie, die erst im 3. Jh. v. Chr. als Forschungsmethode entwickelt wurde und die demzufolge in einigen jüngeren Schriften vertreten ist. Dafür finden sich Physiologie, Innere Medizin, Geburtshilfe, Frauenheilkunde, Chirurgie, Diätetik und Prognostik sowie medizintheoretische, medizinethische und deontologische Texte bereits im älteren Bestand.

Neben den Inhalten differieren auch die Formen der Texte, was sich auf die unterschiedlichen Zielsetzungen und Zielgruppen der Autoren zurückführen lässt (handbuchartige Werke, öffentliche Vorträge und Vorlesungen, Popularisierungsschriften). Neben diesen an der innerfachlichen Diskussion und der Ausbildung orientierten Abhandlungen gibt es etliche unter dem Einfluss der Sophistik stehende Traktate, die Fragen nach dem Status der Medizin als Kunst (*Über die Kunst*), ihr Verhältnis zur Philosophie, allgemeine anthropologische Überlegungen und ethische Normen (Hippokratischer Eid) aufwerfen. Mit einer philologisch und inhaltlich begründeten Wahrscheinlichkeit geht man heute davon aus, dass folgende Schriften, wenn sie nicht von Hippokrates selbst stammen, so doch unter seinem unmittelbaren Einfluss entstanden sein könnten: *Über die heilige Krankheit, Über Luft, Wasser und Orte, Über die Prognose* und das erste und dritte Buch der *Epidemienbücher* sowie die beiden wichtigsten chirurgischen Schriften: *Über das Einrenken der Gelenke* und *Über Knochenbrüche*.

Das gemeinsame Kennzeichen der vertretenen Theorien ist das Bemühen um eine logisch-rationale Erklärung des Menschen in Krankheit und Gesundheit. Das willkürliche Eingreifen der Götter in das Körpergeschehen wird als Erklärungsoption abgelehnt. Unter den verschiedenen, sich teilweise widersprechenden theoretischen Ansätzen hat die im Anschluss an Empedokles und Zenon von Elea entwickelte Humoralpathologie die nachhaltigste Wirkung auf die abendländische Medizin erzielt. Sie umfasst die Vorstellung von vier den Körper konstituierenden Säften (Schleim, Blut, gelbe und schwarze Galle), die in der guten Mischung (Eukrasie) Gesundheit, in der schlechten Mischung (Dyskrasie) Krankheit bestimmen. Diese Lehre wurde von Galenos von Pergamon im 2. Jh. n. Chr. in das Zentrum einer Syntheseleistung gestellt, die die Auffassung des *Corpus Hippocraticum* als Anfang aller abendländischen wissenschaftlichen Medizin bis in die Neuzeit hinein nachhaltig geprägt hat.

HANS-UWE LAMMEL

Plinius der Ältere

* 23/24 in Novum Comum (Como, Italien)
† August 79 in Stabiae (Castellamare di Stabia, Italien)

(d.i. Gaius Plinius Secundus) – Erziehung und Ausbildung in Rom; 47–57 Militärische Laufbahn in Germanien; ab 58 Anwalt in Rom und Como; rhetorisches und grammatisches Studium zur Zeit Neros; 69–79 Wiederaufnahme der politischen Laufbahn; Bekleidung hoher Ämter; Kommandant der kaiserlichen Flotte in Misenum; Tod beim Vesuvausbruch 79; sein Werk umfasste Sachtexte, Biographien und Historiographie; allein die *Historia naturalis* ist erhalten.

Naturkunde / Historia naturalis

Die naturwissenschaftliche Enzyklopädie in 37 Büchern ist erstmals im Jahre 77 erschienen, eine erweiterte Fassung wurde bald nach dem Tod des Autors von seinem Neffen Plinius dem Jüngeren herausgegeben. Das Riesenwerk sollte eine Übersicht über den gesamten Wissensstand seiner Zeit in sämtlichen Disziplinen der Naturforschung vermitteln. Mit Ausnahme des ersten Buches, das neben einer kurzen, die Widmung an den Flavierkaiser Titus enthaltenden Vorrede detaillierte Inhalts- und Quellenverzeichnisse zu jedem einzelnen Buch gibt, folgen die Bücher einem Aufbau nach Wissensgebieten: Astronomie und Kosmologie (Buch 2), Geographie und Ethnologie (Buch 3–6), Anthropologie und menschliche Physiologie (Buch 7), Zoologie (Buch 8–11), Botanik (Buch 12–19), Pharmakologie (Buch 20–32), Mineralogie, Metallurgie, Lithurgik sowie deren Nutzung für die bildende Kunst (Buch 33–37). Die Anordnung des Stoffs innerhalb der einzelnen Bücher ist von den jeweiligen Quellen abhängig: Sie ist entweder organisch, wenn sich die Übernahme einer vorgefundenen Gliederung anbot, oder additiv, indem einfach die Angaben der verschiedenen Vorlagen aneinandergereiht werden. Insgesamt sind nahezu 500 Autoren verarbeitet, und zwar rund 100 Primärquellen (»auctores exquisiti«) und fast 400 Sekundärquellen. Im Gegensatz zur sonstigen antiken Praxis werden sie alle namentlich angegeben; denn die »Plagiatoren« und geistigen »Plünderer« sind dem Verfasser – laut Vorwort – verhasst.

Die *Historia naturalis* ist aber mehr als nur das Resultat eines immensen Fleißes; sie ist zugleich Summe und Bilanz eines für die Antike höchst außergewöhnlichen Gelehrtenlebens. Die erhaltenen Zeugnisse (ein Abschnitt aus Suetons Biographie und zwei Briefe des Neffen) belehren uns, dass der Berufsoffizier und spätere Flottenkommandant Plinius einer der belesensten und meistgereisten Männer des Altertums war. Jede freie Stunde – auch die Zeit während des Essens, im Bad und in der Sänfte – soll er der Lektüre und dem stets daran anschließenden Exzerpieren des Gelesenen gewidmet und so schließlich ein Notizenkonvolut von 160 beidseitig beschriebenen Buchrollen hinterlassen haben – wohl das Ausgangsmaterial für sein Lebenswerk. Plinius benutzt allerdings seine Quellen oft unkritisch. Auffällig sind seine Vorliebe für Mirabilien, Monströses und scheinbar Nebensächliches. Auch ist die Abhängigkeit von den Quellen gelegentlich bis in den Stil hinein spürbar.

Aber gerade diese Quellentreue macht heute, da die meisten der benutzten Schriften verloren sind, den Wert des kompilatorischen Sammelwerks aus. In mancherlei Hinsicht kann es uns einen authentischen Einblick in sonst unbekannte Seiten der antiken Kultur verschaffen. Dies gilt im Besonderen für einen Abriss der alten Kunstgeschichte, in dem Plinius fast 200 in Rom befindliche Statuen und Gemälde aufführt, und für die pharmakologischen Teile, die einerseits über das Konzentrat der *Medicina Plinii* (erste Hälfte 4. Jh.) bis ins spätere Mittelalter hinein den Grundstock für umfassende medizinische Darstellungen abgaben, andererseits die Kontinuität heilkundlicher Tradition bis zu den frühen Griechen zurück sicherten.

RICHARD MELLEIN

Claudius Galenos

* 129 in Pergamon (Bergama, Türkei)
† um 216 vermutlich in Rom (Italien)

Umfassende literarische, philosophische und medizinische Ausbildung; 149–157 lange Studienreise (Smyrna, Korinth, Alexandreia); 157 Gladiatorenarzt in Pergamon; 162–166 Prominentenarzt in Rom; 166–168 Rückkehr nach Pergamon.; ab 169 kaiserlicher Leibarzt.

Ausgewählte Schriften

Der im 2. Jh. n. Chr. wirkende Claudius Galenos war der vielseitigste und fruchtbarste griechische medizinische Schriftsteller der Antike. Seine zahlreichen und vielfältigen medizinischen Werke befassen sich mit Physiologie, Anatomie, Chirurgie, medizinischer Theorie, Therapeutik, Pharmakologie und ethischen Fragen; außerdem verfasste er Kommentare zu Werken des Hippokrates, einige philosophische Abhandlungen und linguistische Studien. Auch seine philosophischen Interessen machte Galen für seine medizinischen Darlegungen nutzbar. Er fasste die Ergebnisse der bisherigen griechischen Medizin zusammen und teilte auch eigene Beobachtungen mit. Sein klarer Stil zeigt seine gute rhetorische Bildung, seine Arbeiten sein umfangreiches und vielseitiges Wissen; daneben dokumentieren sie aber auch eine nicht geringe Eitelkeit, Selbstgefälligkeit bis hin zur Selbstüberschätzung und gelegentlich eine ziemliche Geschwätzigkeit.

Bereits zu Lebzeiten erwarb sich Galen große ärztliche Autorität. Im 4. Jh. n. Chr. besaß er innerhalb der hippokratischen Tradition eine beherrschende Stellung. Im 5. Jh. wurde in Alexandreia ein Kanon galenischer Werke zusammengestellt, der später in der byzantinischen Welt als Grundlage der ärztlichen Ausbildung fungierte. Im lateinischsprachigen Westen wurde Galen erst seit dem 11. Jh. wieder bekannter, nachdem süditalienische Ärzteschulen die antike Medizin neu belebt hatten. Nach dem Erscheinen eines griechischen Druckes seiner Werke 1525 galt er zunächst erneut als Autorität, bald wurden jedoch Irrtümer und Widersprüche in seinen Schriften offenbar, so dass er als Quelle für antikes medizinisches Wissen um 1600 von Hippokrates abgelöst wurde. Im Folgenden werden einige wichtige Schriften Galens etwas näher vorgestellt.

In der kurzen, wohl zu Beginn des 3. Jh.s n. Chr. entstandenen Schrift *Hoti ho aristos iatros kai philosophos* (*Der beste Arzt ist Wissenschaftler*) legt Galen seine naturphilosophische Grundkonzeption dar. Am Beispiel des Hippokrates versucht er zu zeigen, dass der vorzügliche Arzt mit allen Gebieten der Philosophie vertraut sein müsse. Diesen Arztphilosophen, für den Spätere die treffende Bezeichnung »Iatrosophist« geprägt haben, nennt Galen göttergleich, weil seine sittlichen Vorzüge ihm den Rang eines wahrhaft Weisen verliehen. Nur Ärzte, die auch als Philosophen ausgebildet seien, könnten dem Hippokrates ebenbürtig werden und die Forschungen vorantreiben. Dieser enzyklopädische Bildungsanspruch geht letztlich auf Platon zurück und wurde von prominenten Vertretern verschiedener Gebiete vertreten. Galens Programm bildet die Grundlage einer enzyklopädischen Ausbildung des Arztes, die in zahlreichen Traktaten der arabischen und lateinischen Scholastik modifiziert und kanonisiert wurde und noch bei Paracelsus (1493–1541) in den »Säulen der Medizin« vertreten wird.

In der kurzen medizinisch-philosophischen Abhandlung *Hoti tais tu sōmatos krasesin hai tēs psychēs dynameis hepontai* (»Daß die Vermögen der Seele eine Folge der Mischungen im Körper sind«) stellt Galen die These auf, dass die Kräfte der Seele eine Folge der richtigen Mischungen im Körper aus den vier Qualitäten warm, kalt, trocken und feucht seien. Durch geeignete Ernährung und Lebensweise könne Einfluss auf den Körper und damit auf die Seele ausgeübt werden. Galen betont, dass er sich mit dieser These in Übereinstimmung mit Philosophen (vgl. den Pneumabegriff der stoischen Schule) befinde. Eine Stütze für seine Theorie bildet die alte Hippokratische Schrift *Peri aerōn hydatōn topōn* (Über die Umwelt), in der gezeigt wird, dass die Sitten der Menschen von Örtlichkeiten, Jahreszeiten, Klima usw. abhingen. Aus seiner ärztlichen Praxis sind Galen psychopathologische Phänomene vertraut, welche er als Indiz für die somatische Konstitution der Seele wertet. Diese Denkweise hat weitreichende Konsequenzen für Ethik, Diätetik, Strafrecht, Pädagogik und Staatslehre. Sie wirkt in diätetischen Traktaten der Spätantike, in den Gesundheitslehren des arabischen und lateinischen Mittelalters und in hygienischen Konzeptionen der neuzeitlichen Medizin nach.

In der 17 Bücher umfassenden physiologischen Schrift *Peri chreias moriōn* (Über den Nutzen der Teile) entwickelt Galen die These von einem teleologischen Nutzen der Körperglieder. Schon der Titel weist darauf hin, dass Galen die Organstruktur als der Organfunktion angepasst betrachtet. Sie sind Werkzeuge des Gehirns, welches als Sitz der Seele das edelste Organ und Quelle des Pneuma ist. Einige seiner Erkenntnisse verdankt Galen seiner eigenen experimentellen und vivisektorischen Forschung. Atemmechanismus und Herzbewegung hat er aufgrund eigener experimenteller Nachprüfung zutreffend erkannt; Kenntnis vom Blutkreislauf hatte er hingegen nicht. Aufgrund seiner Ansicht, dass die Seele sich, um ihre Funktionen auszuüben, der verschiedenen Organe als Werkzeuge bediene, hat er aus dem anatomischen Wissen seiner Zeit und den Erkenntnissen seiner eigenen physiologischen Experimente nicht die Ergebnisse ziehen können, die bei einer unvoreingenommenen Betrachtung möglich gewesen wären.

Der kurzen (etwa 178 n. Chr. verfassten) Schrift *Peri tu proginōskein biblion* (Über Prognose) geben zahlreiche persönliche Reminiszenzen einen autobiographischen Charakter. Sie unterrichtet uns über Galens Aufstieg in der kaiserlichen Gunst, macht uns mit Senatoren und Sophisten bekannt und gibt tiefe Einblicke in die intellektuelle und soziale Geschichte des zweiten Jahrhunderts und in die Laufbahn und soziale Position eines Arztes, wobei im Einzelnen abzuwägen ist, inwieweit die Dinge real oder zu verallgemeinern sind. Breiten Raum nehmen die wundersamen Dinge, die Galen selbst aufgrund des Gesundheitszustandes seiner Patienten prognostizierte, und sein dadurch erworbener Ruhm ein. Mehr als in seinen übrigen Schriften stellt er auch seine umfangreiche Bildung und seine rhetorischen Künste heraus. Die Schrift ist über weite Teile in der Form eines Dialogs verfasst. Die Fälle selbst sind zum größten Teil ohne medizinische Relevanz. Eine generelle Einführung in die medizinische Prognose fehlt. Der Titel und die Hervorhebung der eigenen Person sollten Galens Reputation steigern und seine Karriere befördern.

Die ersten sechs Bücher der umfangreichen *Methodos therapeutikē* (Heilmethode) sind etwa 173 bis 175 n. Chr. verfasst worden, die übrigen acht (Buch 7–14) frühestens Ende der 190er Jahre. Eine Überarbeitung der früheren Bücher fand nicht statt, so dass manche Vorverweise nicht eingelöst werden und es zu Doppelungen kommt. Vor allem in den späteren Büchern gibt Galen zahlreiche lebendig und detailreich erzählte Fallbeispiele. Er stellt eine Reihe genereller Regeln zur Behandlung von Verletzungen der einzelnen Körperteile sowie der Behandlung von Fiebern und Tumoren auf. Das Werk richtet sich an einen Leser, der bereits Kenntnisse in medizinischer Terminologie und eventuell auch klinische Erfahrungen besaß. Galen erweist sich als geschliffener Rhetoriker; Klassikerzitate und gelehrte Verweise zeigen seine literarische Bildung. Vor allem die letzten Bücher vermitteln einen Eindruck von Galens erfolgreicher Position in Rom, gelegentlich aber auch den Eindruck von Selbstüberschätzung. Die Rezeption dieser Schrift war weitreichend: Sie wurde (in mehrere Sprachen übersetzt) Bestandteil des alexandrinischen Lehrkanons und in der Renaissance des universitären Lehrstoffes. SIBYLLE IHM

Abū 'Alī Muḫammad Ibn al-Ḫasan Ibn al-Haytham

* um 965 in Basra (Irak)
† um 1040 vermutlich in Kairo (Ägypten)

(auch: Abū 'Alī al-Ḫasan ibn al-Ḫasan Ibn al-Haytham) – Begann seine wissenschaftliche Tätigkeit in Basra, vermutlich als staatlicher Beamter; wurde vor 1021 möglicherweise vom Kalifen al-Ḫākim zur Planung von Dämmen an den Nil gerufen, war in dieser Aufgabe jedoch anscheinend glücklos und täuschte Wahnsinn vor; danach wissenschaftliche Aktivitäten für verschiedene Schirmherren in Syrien und Ägypten; sein Schriftenverzeichnis von 1027 nennt 25 mathematische und 45 naturphilosophische und metaphysische Traktate.

Die Optik / Kitāb al-Manāzir

Der berühmte Traktat, der um das Jahr 1000 erschien, wird nicht nur als eines der glänzendsten Beweisstücke für die Eigenständigkeit und Fruchtbarkeit der islamischen Wissenschaften angesehen, sondern war in Europa seit seiner Übersetzung ins Lateinische im frühen 13. Jh. die Grundlage für die Wissenschaft der Optik von Roger Bacon bis Johannes Kepler. Wörtlich übersetzt heißt der Titel des Traktats »Das Buch dessen, was das Sehen möglich macht«, womit Licht, Farbe, das Auge wie auch die Akte des Sehens und des Erkennens gemeint sind. Die mittelalterliche Übersetzung ›perspectiva‹ wurde diesem Komplex an Sehensvoraussetzungen besser gerecht als das spätere Wort ›Optik‹, dessen heutige Bedeutung weitgehend auf die mathematischen Aspekte der Lichtübermittlung beschränkt ist.

In einer für alle spätere Wissenschaft wegweisenden ›Synthese‹ (tarkīb) von Mathematik und Naturphilosophie versucht Ibn al-Haytham jedoch, den ganzen Weg von der Lichtquelle über das beleuchtete Objekt und das durchsichtige Medium bis ins Auge und von dort in den Verstand zu analysieren, wobei er bewusst induktiv vorgeht und seine empirischen Befunde experimentell sammelt und geometrisch auswertet. Seine Methode geht somit über das hinaus, was er von Ptolemaios, Euklid und anderen griechischen Wissenschaftlern übernehmen konnte.

In den sieben Büchern seines Werks untersucht Ibn al-Haytham die Natur des Lichts, wobei er zwischen dem ›primären Licht‹ einer Lichtquelle und dem ›sekundären Licht‹ eines beleuchteten Objekts unterscheidet. Beide Typen verbreiten sich mittels gerade verlaufender Strahlen, die sich kugelförmig von einem Punkt aus verbreiten. Mit zunehmendem Abstand wird die Leuchtkraft dieser Lichtkugel schwächer. Wenn Licht auf ein Objekt fällt, wird es zurückgeworfen (›Reflexion‹); beim Übergang von einem durchsichtigen Medium in ein anderes wird es gebrochen (›Refraktion‹). Auf Grund von Experimenten und Berechnungen gelingt es Ibn al-Haytham, die mathematische Gesetzmäßigkeit der Reflexion festzustellen, während er für die Refraktion kein allgemeines Gesetz, sondern nur ein paar Faustregeln angeben kann. Was Farben angeht, so bestehen diese unabhängig vom Licht. Sie verbreiten sich jedoch auf dieselbe Weise und sind ohne dieses experimentell auch nicht nachzuweisen. Ibn al-Haythams Beschreibung des Auges folgt der galenischen Tradition, was unter anderem heißt, daß er den ›Humor crystallinus‹ als das Organ betrachtet, in welchem die Lichtstrahlen aufgefangen und wahrgenommen werden, wobei jedoch nur jene Strahlen eine wahrnehmbare Empfindung auslösen, die lotrecht auf die Hornhaut treffen. Viel Aufmerksamkeit schenkt Ibn al-Haytham überdies dem stereometrischen Sehen, optischen Täuschungen und dem Prozess des Erkennens.

Erst in der *Katoptrik* (1611) von Johannes Kepler, diesem letzten bedeutenden Vertreter der ›perspectiva‹-Tradition, wird die Trennung zwischen Optik als Studium des Lichts einerseits und der Psychologie und Physiologie der Wahrnehmung andererseits eingeleitet. Sowohl in der als Wissenschaft des Lichts umdefinierten Optik wie auch im Gebiet der wissenschaftlichen Methode läßt sich Ibn al-Haythams Einfluss jedoch noch einige Jahrzehnte später nachweisen, was auch auf die Verfügbarkeit seiner optischen Traktate in der Basler Edition von 1572 zurückzuführen ist. CHRISTOPH LÜTHY

Nikolaus Kopernikus

* 19. Februar 1473 in Thorn (Toruń, Polen)
† 24. Mai 1543 in Frauenburg (Frombork, Polen)

Ab 1491 Studium an der Krakauer Universität; erhielt durch seinen bischöflichen Onkel 1495 das Amt eines Kanonikers der ermländischen Kathedralschule in Frauenburg, setzte aber 1496 seine Ausbildung in Italien fort, studierte in Bologna und Padua Astronomie, Kirchenrecht und Medizin; diente ab 1503 seinem Onkel als Sekretär und Arzt in Ermland; 1510 bis 1543 Kanzler des Domkapitels in Frauenburg, beschäftigte sich mit der Astronomie nur noch nebenbei.

Über die Kreisbewegungen der Weltkörper / De revolutionibus orbium coelestium

Um 1510 entwickelte Kopernikus eine neue astronomische Theorie, die zunächst unter dem Titel *De hypothesibus motuum coelestium commentariolus* (Kleiner Kommentar zu Hypothesen über die Himmelsbewegungen) als Handschrift kursierte. Darin ging es um die Entwicklung eines astronomischen Modells, das die vermeintlich unregelmäßigen Bewegungen der von der Erde aus beobachtbaren Planeten damit zu erklären versuchte, dass die Himmelskugeln sich regelmäßig um ihre eigene Achse drehen. Eine Verbesserung der quantitativen Vorhersagen der damals herrschenden ptolemäischen Astronomie interessierte Kopernikus nicht. Auch wenn die meisten numerischen Parameter des neuen Modells direkt aus den überlieferten Texten des Ptolemaios stammten, war Kopernikus' Modell dennoch heliozentrisch and sollte dem *Commentariolus* zufolge in einem ausführlicheren Werk mathematisch dargestellt werden.

Die Vollendung dieses Werks dauerte mehr als drei Jahrzehnte. Nachdem er Gerüchte über Kopernikus gehört hatte, reiste 1539 ein junger Magister der Universität Wittenberg, Georg Joachim Rheticus, zu Kopernikus nach Frauenburg, um Erkundigungen über die neue Theorie einzuholen. Begeistert schrieb er einen *Ersten Bericht* (*Narratio prima*) der kopernikanischen Astronomie, der 1540 in Danzig sowie 1541 in Basel gedruckt wurde. Danach beauftragte Kopernikus ihn, den Druck seines Hauptwerks bei der Nürnberger Offizin Johannes

Petreius zu überwachen, eine Aufgabe, die Rheticus dem lutherischen Pastor Andreas Osiander übertrug. Osiander stellte der Widmung des Kopernikus eine eigene, anonyme Vorbemerkung »An den Leser« voran, in der er davor warnte, die Ansichten des Kopernikus – ebenso wie alle anderen astronomischen Hypothesen – als wahr oder auch nur als wahrscheinlich im Sinne der Physik anzusehen. Es handle sich bloß um Grundlagen der astronomischen Berechnung. Auch wenn Kopernikus mit dieser Deutung nicht einverstanden war, konnte er in den Druck des Buches nicht mehr eingreifen und erhielt ein gedrucktes Exemplar seines Werks erst im Mai 1543 auf seinem Sterbebett.

Trotz seines späteren Rufs als umwälzender Text der abendländischen Kosmologie war der Hauptwerk des Kopernikus zum Teil konservativ. In seiner Gliederung ähnelt *De revolutionibus*, ein Werk der mathematischen Astronomie, dem *Almagestum* des Ptolemaios. Beide Texte enthielten die Geometrie der sphärischen Astronomie, einen Sternenkatalog, einige wichtige Beobachtungen, aus denen Größe und Geschwindigkeit der Planetenmodelle abgeleitet werden konnten, Tabellen zur Berechnung der Position der Planeten sowie einen kurzen Abriss der Naturphilosophie des Kosmos. Das Ziel des Kopernikus, die ptolemäischen Modelle zu korrigieren, indem alle Sphären sich – in Übereinstimmung mit der aristotelischen Physik – kreisförmig und regelmäßig bewegen, entsprach demjenigen einiger arabischer Astronomen, die 200 Jahre zuvor Modelle aus gleichförmig sich drehenden Sphären entwickelt hatten. Das nicht-ptolemäische Mondmodell des Kopernikus sowie seine aus zwei Epizykeln zusammengesetzten Modelle der Planetenlängen waren bereits von dem Damaszener Astronom Ibn ash-Shatir (1304–1376) benutzt worden. Ein weiteres mathematisches Instrument, das Kopernikus für seine Modelle der Präzession und der Planetenbreiten anwendete, scheint direkt aus dem Werk des persischen Astronomen Nasir ad-Din at Tusi (1202–1274) entlehnt zu sein. Wie Kopernikus von diesen arabischen Ideen Kenntnis haben konnte, ist unklar, da weder arabische noch lateinische Fassungen der genannten Werke im Europa des 16. Jh.s bekannt waren. Einige Ideen Tusis immerhin waren den Europäern in griechischen Übersetzungen byzantinischer Gelehrter zugänglich.

Kopernikus' wesentliche Neuerung besteht darin, mittels der jährlichen Bewegung der Erde um die Sonne die scheinbar retrograden Bewegungen der Planeten sowie die Veränderungen ihres jeweiligen Abstands zur Erde erklärt zu haben. Wegen der dürftigen Quellenlage sind sich die Historiker noch uneinig über die einzelnen Schritte, mit denen Kopernikus den ptolemäischen Geozentrismus in einen Heliozentrismus verwandelte. Es ist aber wahrscheinlich, dass er Hinweisen aus dem *Epitoma in almagestum* (1496) des Johann Regiomontanus folgte. Auf jeden Fall erklärte das neue heliozentrische Modell viele Merkmale der Planetenbewegungen, die in der ptolemäischen Astronomie nicht gedeutet werden konnten. Und während alle früheren Astronomen jeden einzelnen Planeten isoliert behandelt hatten, setzte Kopernikus sie in Beziehung zur Umlaufbahn der Erde. Damit erschienen ihr jeweiliger Abstand zur Sonne sowie der Umfang ihrer Umlaufbahn nicht mehr als willkürlich. Sie folgten einer notwendigen Regelmäßigkeit, die Kopernikus in einer berühmt gewordenen schematischen Darstellung mit der Sonne im Zentrum des Kosmos zeichnerisch festhielt. *De revolutionibus* stellte eine neue, ästhetische Sicht der kosmischen Harmonie dar, auch wenn die Gesamtzahl der Sphären sowie die quantitativen Voraussagen der Planetenbewegungen mit denen des Ptolemäus fast übereinstimmten.

Die meisten frühen Leser von *De revolutionibus* sprachen von einer ›Kopernikanischen Rechnung‹ und benutzten seine Tafeln für die Berechnung der Planetenbewegungen, ohne sich zur Kosmologie des Werks zu äußern. Sie folgten damit der Lektüreanweisung Osianders. Allerdings gab es einige Theologen, Protestanten wie Martin Luther und Philip Melanchthon, den Dominikaner Giovani Tolosani sowie mehrere Jesuiten, die einen Widerspruch zwischen der heliozentrischen Kosmologie und der *Bibel* sowie der Physik des Aristoteles sahen und Kopernikus' Modell daher zurückwiesen. Um 1585 entwickelten Tycho Brahe und andere Astronomen eine antikopernikanische geoheliozentrische Astronomie, um jenen Einwänden zu begegnen. Nach 1600 erhielt die heliozentrische Kosmologie Unterstützung durch Johannes Keplers physikalische Astronomie der Ellipsen und durch Galileo Galileis polemische Traktate. Erst danach wurde *De revolutionibus* sowohl von seinen Verfechtern als auch von seinen Gegnern als revolutionär betrachtet. RICHARD KREMER

Andreas Vesalius

* 31. Dezember 1514 in Brüssel (Belgien)
† 15. Oktober 1564 in Zakynthos (Griechenland)

(auch: Andreas Witinck) – Ab 1533 Medizinstudium in Paris bei W. von Andernach und J. Dubois (Sylvius); 1536 Tätigkeit in Löwen als Prosektor; 1537–1542 Professor für Anatomie und Chirurgie in Padua; 1543–1564 Kaiserlicher Hof- und Militärarzt von Karl V. und Philipp II. in Madrid; Tod unter ungeklärten Umständen; Hauptvertreter der Renaissance-Anatomie.

Sieben Bücher über den Bau des menschlichen Körpers / De humani corporis fabrica libri septem

Das 1543 erschienene Hauptwerk des Autors markiert eine Wende in der Renaissanceanatomie. Nebst der Aufwertung der Anatomie als Handwerk und rationale Wissenschaft, die als Fundament das Gebäude der Medizin trägt, setzen die empirisch gewonnenen Erkenntnisse sowie deren Visualisierung neue Standards. Der Titelbegriff ›fabrica‹ bezieht sich gleichzeitig auf den göttlichen ›faber‹ und ›artifex‹ sowie auf ›officina‹ (Werkstatt), wo der geniale Handwerker sein Kunstwerk, den menschlichen Körper, mit eigener Hand erschafft.

Das Werk besteht aus sieben Büchern. Bereits die Sektionsszene des Frontispiz' visualisiert die Idee der Anatomie als Autopsie, als Handarbeit und als öffentliche Beweisführung im ›theatrum anatomicum‹. Im Vorwort, das Kaiser Karl V. gewidmet ist, werden Ursprung, Natur, Methode und Ziel der Anatomie rhetorisch meisterhaft mit einer Kritik an den Vertretern der »Bücheranatomie« verbunden. Die Beschreibung der am Katheder sitzenden Professoren, die schreienden Dohlen gleich auf lateinisch vorlesen und die Sektion groben Barbieren überlassen, die das, was zu demonstrieren ist, zerfetzen, ist zum Topos geworden. Vesalius zelebriert die Hand als Instrument und Symbol des Anatomen. Entsprechend zeigt sein Porträt, das dem Buch beigegeben ist, wie er die sezierte Hand einer Leiche hält.

Der Aufbau des Werks entspricht einem didaktisch-teleologischen Schema. Es beginnt mit den Knochen als tragendem Gerüst, das ähnlich wie beim Bau eines Hauses als erstes aufzustellen ist. In den einzelnen Büchern gilt das Prinzip ›a capite ad calcem‹ (vom Kopf zum Fuß). Zwar fehlt ein Inhaltsverzeichnis, aber ein ausführlicher Index ist vorhanden. Die Bücher beinhalten: 1. Knochen, Knorpel und Gelenke; 2. Bänder, Muskeln, Haut und Fett; 3. Venen und Arterien; 4. Nerven; 5. Ernährungs-, Verdauungs- und Reproduktionsorgane; 6. Herz und Brustkorborgane; 7. Gehirn und Sinnesorgane. Die Abbildungen hingegen folgen der Reihenfolge der Sektionsschritte (von der Haut bis zu den Knochen). Die vermutlich in Kooperation mit dem Tizian-Schüler Jan Stephen van Calcar (1499–ca. 1556) angefertigten Tafeln tragen zur inhaltlichen Darlegung bei und entsprechen didaktisch-epistemologischen Zwecken. Ein Zeichen für den durchdachten Einsatz des Bildmediums sind auch die Initialen, die mit Szenen aus der anatomischen Praxis oder Mythologie (Marsyas-Häutung durch Apollon) ausgeschmückt sind. Neben der wissenschaftlichen Leistung des Vesalius, der die herrschende Anatomie systematisch überprüfte und z. T. korrigierte, sollte auch seine terminologische Revision der Nomenklatur Spuren hinterlassen. Indem er konsequent ein von Arabismen und Graezismen freies klassisches Latein zu verwenden versuchte, schöpfte er neue Termini wie ›valvula mitralis‹ (Mitralklappe), die auf Metaphern basieren (›mitra‹ = Bischofsmütze).

Vesalius koordinierte jeden Schritt der materiellen Buchproduktion. In Venedig überwachte er die Holzschnittherstellung und in Basel den Drucker Johannes Herbst (Oporinus, 1507–1568) bei der Drucklegung. Aufgrund des hohen Preises seines prächtigen Quarto Foliobandes (vier Florinen, viereinhalb Batzen) veröffentlichte Vesalius im selben Jahr ein Kompendium, die *Epitome* für zehn Batzen, die aus 14 Textseiten und neun Tafeln besteht. 1555 erschien die gänzlich revidierte zweite Auflage der *Fabrica*.

Das Hymen wird nun ausführlich behandelt und der inzwischen von R. Colombo (1516–1559) als ›placenta‹ definierte Mutterkuchen zum ersten Mal genau beschrieben. Vor allem aber wird das ›septum ventriculorum‹ (Herzscheidewand), das in der ersten Auflage im Anschluss an Galenos als mit unsichtbaren Poren versehen beschrieben war – um den Durchgang des Blutes von der linken in die rechte Herzkammer zu ermöglichen –, jetzt als undurchlässig definiert.

Dies ist ein erster wichtiger Schritt in die Richtung einer korrekten Beschreibung des Blutkreislaufs. Die *Fabrica* stellt die Vollendung eines wissenschaftlichen, vor Vesalius begonnenen Entwicklungsprozesses dar, in dessen Verlauf die Widersprüche zwischen den tradierten Auffassungen der menschlichen Anatomie und der empirisch gewonnenen Erkenntnisse zusehends evident geworden sind. MARIACARLA GADEBUSCH BONDIO

Conrad Gesner

* 16. März 1516 in Zürich (Schweiz)
† 13. Dezember 1565 in Zürich (Schweiz)

(auch: Conradus Gesnerus; Pseudo. Euonymus Philatrus) – Studium in Straßburg, Basel, Bourges und Paris; 1537–1540 Professor Linguae Graecae in Lausanne; 1540 in Montpellier; 1541 medizinische Doktorwürde der Universität Basel; ab 1541 Lehrer der Aristotelischen Philosophie am Carolinum in Zürich.

Allgemeines Thierbuch / Historia animalium

Die *Historia animalium* des Humanisten und Arztes Conrad Gesner ist das meistgelesene naturhistorische Buch in der Renaissance. Es wurde zunächst 1551 bis 1558 in vier Bänden in Zürich verlegt und folgte der aristotelischen Einteilung der Lebewesen: Band 1 handelt lebendgebärende Vierbeiner ab, Band 2 eierlegende Vierbeiner, Band 3 befasst sich mit Vögeln und Band 4 mit Wassertieren. Ein fünfter Band über Schlangen wurde 1587 postum veröffentlicht.

Die *Historia animalium* umfasste alle bekannten Tiere einschließlich der Fabelwesen (z. B. Einhörner, Tritone und Monster), neu entdeckte Tiere aus dem hohen Norden (z. B. Elch) und aus der Neuen Welt (z. B. Truthahn, Faultier, Chamäleon, Meerschweinchen). Gesners Ziel bestand darin, alles verfügbare Wissen zu sammeln. Die *Historia animalium* sollte als Wörterbuch und als Referenzwerk benutzt werden können. Jeder einzelne Eintrag zu einem Tier wird durch eine Abbildung ergänzt. Der Text ist jeweils in verschiedene Abschnitte aufgeteilt, die dem folgenden Informationsmuster entsprechen: der Name des Tieres in verschiedenen Sprachen; sein Lebensraum; seine physischen Eigenschaften und Lebensweisen; sein Charakter; der Nutzen des Tieres für Ernährung, Medizin und andere Bereiche wie Landwirtschaft und militärische Feldzüge; schließlich philologische Ausführungen. Diese Aufteilung reflektiert Gesners Interessen als Arzt und als Humanist. Ausführliche, von antiken und mittelalterlichen Autoren stammende Kenntnisse über den medizinischen Nutzen und den Ernährungswert der Tiere erweitert Gesner um ähnliche Kenntnisse über Pflanzen. Der philologische Abschnitt ist oftmals der längste und diskutiert alle möglichen Bedeutungen und Verwendungen des Tiernamens, seine Etymologie, mögliche metaphorische Bedeutungen, die Anwendung des Namens auf Krankheiten und Orte sowie schließlich Sprichwörter. Bei diesen Abschnitten ist Gesner ganz in seinem Element, und das erklärt auch den enormen Umfang des Werks.

Da Gesner als Renaissancegelehrter alles verfügbare Wissen ausbreitete, bezog er sich nicht bloß auf antike Autoritäten, sondern auch auf zeitgenössische Autoren wie Ulisse Aldrovandi, Guillaume Rondelet, Pierre Belon und Hippolytus Salviani. Auch die Bilder entstammen verschiedensten Quellen wie mittelalterlichen Handschriften, Karten und gedruckten Büchern. Das berühmteste Beispiel ist die Abbildung des Rhinozeros, die auf Albrecht Dürers bedeutendem Holzschnitt basiert. Angesichts des kompilatorischen Charakters der *Historia animalium* ist es sinnlos, Gesners ›Originalität‹ in der Naturgeschichte beurteilen zu wollen.

Gesner hat die von ihm vorgestellten Tiere nicht immer selbst in Augenschein genommen. Tiere wie der Armadillo waren extrem selten und nur mit großen Mühen und für viel Geld zu erwerben – ähnlich wie natürlich auch das Horn eines Einhorns. Angesichts der Schwierigkeiten, die Existenz eines seltenen Tieres direkt nachzuweisen, verließ Gesner sich auf Abbildungen und Beschreibungen anderer. Er überliefert die Aussagen seiner Zeitgenossen mit der gleichen Sorgfalt wie diejenigen der klassischen Autoren; mythische Wesen wie das Einhorn behandelt er mit dem gleichen Vertrauen wie das Chamäleon. Zu Gesners Zeit hatte die Zahl der bekannten Tiere der Neuen Welt noch nicht so kritische Ausmaße angenommen, dass die herrschenden Klassifikationssysteme sie nicht mehr aufnehmen konnten. Vielmehr hegte er noch den Glauben, mit Hilfe der vergangenen und gegenwärtigen Autoren die gesamte ihn umgebende Welt sinnvoll einordnen zu können. Es war ein fest an Büchern orientierter Weg des Wissenserwerbs. Moderne Wissenschaftshistoriker haben das als ›gelehrten Empirismus‹ bezeichnet, der dadurch charakterisiert ist, dass das Neue vor dem Hintergrund einer lange zurückreichenden Tradition des Lernens verstanden wird. SACHIKO KUSUKAWA

Johannes Kepler

* 27. Dezember 1571 in Weil der Stadt (Deutschland)
† 15. November 1630 in Regensburg (Deutschland)

(auch: Ioannes Keplerus) – Lernte schon als Zögling des Tübinger Evangelischen Stifts das heliozentrische kopernikanische Weltbild kennen, das er in späteren Jahren verteidigte und weiterentwickelte; unterrichtete in Graz und war später Gehilfe Tycho Brahes; als kaiserlicher Mathematiker in Prag und als Astrologe für General Wallenstein tätig; seine Arbeiten auf den Gebieten der Optik, Mathematik (Kepler'sche Fassregel) und Astronomie (die Gesetze der Planetenbewegung) spielten eine wichtige Rolle in der Entwicklung der modernen Wissenschaften.

Astronomia nova. seu Physica coelestis, tradita commentariis de motibus stellae martis, ex observationibus G.V. tychonis Brahe / Neue Astronomie, oder Physik des Himmels, überliefert in den Abhandlungen über die Bewegung des Sterns Mars nach den Beobachtungen des Tycho Brahe

Mit seiner wichtigsten astronomischen Abhandlung, publiziert 1609 in Prag, hat Kepler die von Kopernikus spekulativ entwickelte Vorstellung von unserem Sonnensystem auf die Basis physikalischer Beweisführung gestellt. Gestützt auf die Aufzeichnungen von Tycho Brahe konnte er auch einige astronomisch unbefriedigende kopernikanische Lösungsversuche für beobachtbare Unregelmäßigkeiten im Lauf der Planeten korrigieren.

Kepler stand seit 1597, als er ihm seine Abhandlung *Prodromus dissertationum cosmographicarum* zur Begutachtung zugesandt hatte, mit Tycho Brahe in Kontakt. Nach der Berufung Brahes nach Prag im Jahr 1600 trafen sich die beiden Astronomen erstmals persönlich, und Brahe machte Kepler seine Beobachtungsdaten über den Planeten Mars zugänglich. Brahe gab Kepler damals seine ausdrückliche Zustimmung zur Nutzung dieser Daten für seine eigenen Berechnungen. Dieses ausführliche Datenmaterial aus einer langen Serie von Beobachtungen ermöglichte es Kepler, seine theoretische Kritik am

Modell des Kopernikus nun auch durch mathematische Beweisführung zu erhärten. Keplers Haupteinwand gegen das Kopernikanische System war, dass die Erde – obwohl nun als Planet erkannt – immer noch eine Sonderstellung unter den Himmelskörpern einnahm: Der Mittelpunkt ihrer Umlaufbahn galt als Zentrum unseres Sonnensystems. Dies ergab sich teilweise daraus, dass Kopernikus in *De revolutionibus orbium coelestium* (1543) an der antiken Vorstellung festhielt, nach der die vollkommene Bewegungsform nur eine Kreisform sein könne und deshalb die Laufbahnen von Himmelskörpern Kreisbahnen sein müssten. Kepler stieß sich daran, dass diese Vorstellung keine einheitliche und einfache physikalische Darstellung bzw. Erklärung der Gestirnsbewegungen bot. (Mit anderen Worten: Die Theorie des Kopernikus erlaubte keine eindeutige Entsprechung zwischen den Beobachtungsdaten und dem Modell für den gestirnten Himmel.) Da Kepler der Erde keine Sonderstellung unter den Planeten mehr einräumte, konnte er die Beobachtungsdaten für die Bewegungen des Planeten Mars und für den scheinbaren Umlauf der Sonne um die Erde direkt korrelieren. Er kam durch diese Berechnungen zu dem Schluss, dass die Planetenbahnen elliptisch sind, wobei die Sonne in einem (gemeinsamen) Brennpunkt dieser elliptischen Bahnen ruht. In den fünf Abschnitten seiner *Astronomia nova* legt Kepler seine Vorstellung, sein Beweismaterial dafür und die generellen Folgen für die Himmelsmechanik ausführlich dar.

Im ersten Abschnitt stellt er zunächst sein konsequent heliozentrisches System in seinen allgemeinen Folgen für die Astronomie vor. Er macht dabei deutlich, dass er durch die Verlagerung des Weltmittelpunktes in das Zentrum der Sonne die Modelle sowohl von Ptolemaios als auch von Kopernikus zurückweist. Im zweiten Teil zeigt er auf, dass aufgrund der ihm zur Verfügung stehenden Beobachtungsdaten (insbesondere Brahes Daten über die Bewegungen des Mars) die Annahme einer kreisförmigen Umlaufbahn von Planeten unhaltbar ist. Im folgenden dritten Abschnitt widmet Kepler sich dann der Untersuchung erkennbarer Gesetzmäßigkeiten und Bewegungsmechanismen der Umlaufbahn der Erde. Im vierten Teil entwickelt Kepler aus den Daten für den Planeten Mars den positiven Beweis, dass die Marsbahn elliptisch ist und die Sonne in einem ihrer

Brennpunkte ruht. Dieses Ergebnis formuliert er schließlich als ein allgemeingültiges Gesetz für Planetenbahnen (Erstes Kepler'sches Gesetz). Im abschließenden fünften Teil der *Astronomia nova* skizziert er weitere Beobachtungen von Gestirnsbewegungen und ihre Vereinbarkeit mit seiner Entfaltung der Physik des Himmels. – Es muss hier noch erwähnt werden, dass Kepler in seiner Darstellung noch nicht zwischen Astronomie und Astrologie im heutigen Sinne unterschieden hat: Anmerkungen zum Einfluss der Planeten und ihrer Konstellationen auf die menschliche Psyche finden sich Seite an Seite mit seinen mathematischen Kalkulationen und wissenschaftlichen Beweisen.

Wie ernst es Kepler mit der Suche nach einem einheitlichen physikalischen Prinzip für die Gesetzmäßigkeiten der Himmelsmechanik (die ihn zur Weiterentwicklung des Kopernikanischen Systems veranlasste) war, kann man daraus ersehen, dass ihm der rechnerische Nachweis der Bahnellipse allein noch nicht genügte. Er ging daher noch einen Schritt weiter und versuchte zu ergründen, warum die Planetenbahnen elliptisch sein müssen. Seine Diskussion dieser Frage im Rahmen von Vorstellungen eines kosmischen Magnetismus ist zwar aus heutiger Sicht weitgehend unbefriedigend, weist aber zugleich in gewisser Weise auf die Lösung des Problems durch Isaac Newton hin, der 1687 in seinen *Philosophiae naturalis principia mathematica* als erster das Gravitationsprinzip als Grundlage dieser Bewegungsform der Himmelskörper darstellte. HUBERT STADLER

Francis Bacon

* 22. Januar 1561 in London (Großbritannien)
† 9. April 1626 in Highgate bei London (Großbritannien)

Englischer Philosoph, Staatsmann und Advokat; schlug nach seinen Studien 1573 an Trinity College in Cambridge und Grey's Inn in London eine politische Karriere ein, die ihn unter James I. 1618 bis zum Amt des Lordkanzlers führte; wurde im gleichen Jahr Baron von Verulam, 1620/21 Viscount of Saint Albans; verlor seine öffentlichen Ämter 1621 wegen einer Bestechungsaffäre; zählte zu den führenden Naturphilosophen seiner Zeit, war auch als Verfasser zahlreicher juristischer, politischer und ethischer Schriften einflussreich; gilt heute primär aufgrund seiner Schriften zur wissenschaftlichen Methodologie, die die zentrale Rolle von kontrollierter Beobachtung und Experiment herausstellen, sowie durch seine Vorschläge zur Einrichtung von Forschungsinstituten als wichtigster Wegbereiter empirischer Wissenschaftspraxis moderner Prägung.

Instauratio magna

Das Hauptwerk des Autors ist bis heute das einflussreichste Programm für den wissenschaftlichen und philosophischen Empirismus. Was Bacon ab 1620 unter diesem Titel veröffentlichte, ist allerdings kein geschlossenes Werk, sondern besteht aus einer Anzahl von Beiträgen zu einem auf sechs Teile angelegten Großprojekt, das eine »vollständige Erneuerung der Wissenschaften und Künste sowie des gesamten menschlichen Wissens auf gesicherten Fundamenten« verheißt. Ziel ist die Ersetzung des traditionell auf reine Erkenntnis ausgerichteten Wissensideals der Philosophie durch eine neue, auf Empirie gestützte und praxisorientierte Wissenschaft, die konkrete Vorschläge zur Verbesserung der Lebensbedingungen der Menschen macht. Zugleich habe sich damit die Lebensform des Philosophen und Wissenschaftlers zu verändern, da dieser nicht mehr im von der Welt abgewandten Studium, der Vita contemplativa, sondern im tätigen Eingreifen und Verändern seine Aufgabe erkennen solle.

Das neue Ideal einer Vita activa hatte bereits seit Ende des 14. Jh.s eine vom Italien der Renaissance ausgehende breite geistige Strömung als politisches, künstlerisches und wissenschaftliches Ethos propagiert. Bacons Forderung einer Erneuerung der Wissenschaften ist ein Ausläufer dieser Strömung, zugleich gibt er ihr aber auch eine neue, über den ethisch-politischen Bereich hinausgehende, dezidiert empirische, forschungsstrategische Ausrichtung. Die Natur sei vollständig zu unterwerfen, um sie zum Wohle der Menschheit unbeschränkt nutzen zu können. Im Unterschied zur Naturphilosophie der Renaissance manifestieren sich Bacon zufolge in den natürlichen Phänomenen keine geheimnisvollen oder göttlichen Wirkkräfte. Natürliche Prozesse seien grundsätzlich verstehbar und steuerbar. Was man erkennen könne, könne man auch machen, was man herstellen könne, habe man verstanden: Insofern fallen Wissen und Macht für Bacon zusammen.

Der Gesamtplan der *Instauratio magna* (der »großen Erneuerung«) wird aus verschiedenen Skizzen und Bemerkungen Bacons deutlich. Am Anfang steht die »Distributio operis« (Einteilung der Wissenschaften), die die Reklassifikation der Wissensgebiete übernehmen soll. Im zweiten Teil wird eine neue Methode der Naturerforschung entworfen, der dritte gibt eine Beschreibung der Naturphänomene in Gestalt einer Experimentalgeschichte, die zur Grundlegung der neuen Philosophie dienen kann. Der vierte Teil, »Stufenleiter des Geistes« genannt, bereitet durch Anwendungsbeispiele den Übergang zum fünften Teil vor, in welchem vorläufige Beispiele von Entdeckungen, die Bacon selbst gemacht hatte, als »Vorläufer und Antizipationen« der eigentlichen Interpretation vorgestellt werden, die dem sechsten Teil vorbehalten ist. Erst in diesem letzten Teil »treffen Wissenschaft und Macht auf wahre Weise aufeinander«, um die neue Philosophie und »aktive Wissenschaft« zu verwirklichen – alle anderen Teile sind ihm daher vor- und untergeordnet.

Von den sechs geplanten Teilen der *Instauratio magna* veröffentlichte Bacon jedoch lediglich den ersten und größere Abschnitte des zweiten und dritten Teils; zum entscheidenden sechsten Teil kam er nie. Nicht nur blieb das ganze Projekt daher ein weitgehend uneingelöster Wissenschaftstraum, auch die tatsächlich verwirklichten Teilbeiträge haben oft einen fragmentarischen Charakter. Die *Instauratio magna* war jedoch von vornherein als ein offenes Werk konzipiert, das von späteren Forschern ergänzt werden sollte. Ihre Form ist experimentell, niemals präskriptiv. Entsprechend bevorzugte Bacon mit Aphorismus und Kurzessay Darstellungsformen, die größtmögliche Freiheit lassen.

Der heutige Leser steht vor der Schwierigkeit, sich den Status und die Funktion einzelner Teile im Gesamtgefüge der *Instauratio magna* klarmachen zu müssen. Dies gelingt auch in der Forschung selten, da zum einen etablierte Teil-Editionen und Teil-Übersetzungen den Blick auf den Gesamtplan verstellen, zum anderen starre Auslegungstraditionen die Fokussierung der Forschung auf wenige Stellen festgeschrieben haben. Konkret richtet sich das Interesse zumeist auf den ersten Teil des *Novum Organum* und auf das Beispiel der Wärme aus dessen zweitem Teil. Diesem ›Tunnelblick‹ fallen nahezu alle materialen Teile zum Opfer, in denen Bacon detailliert Experimente und Beobachtungen beschreibt, darunter fast der

ganze zweite Teil des *Novum Organum* (s. u.) und zu Bacons Zeit so einflussreiche Werke wie *Sylva Sylvarum* (s. u.). Durch die Edition und Kommentierung der neuen Oxforder Bacon-Ausgabe von G. Rees und L. Jardine erfährt diese Auslegungstradition aktuell eine großangelegte Revision.

Die erste Aufgabe des Erneuerungsprojekts besteht Bacon zufolge im Sichten des gesamten bekannten Wissens, um alle Lücken und Mängel im Wissensbestand festzustellen. Ein solcher topischer Überblick liefere erste Hinweise, wie man defizitäre Wissenszweige verbessern könne und welche anderen Gebiete hinzukommen oder gar erst neu erfunden werden müssten. In Grundzügen könne dieser Teil durch das bereits seit 1605 vorliegende Werk *The Advancement of Learning* sowie durch dessen stark erweiterte lateinische Fassung übernommen werden, die Bacon 1620 ankündigte und 1623 unter dem Titel *De dignitate et augmentis scientiarum libri* IX (Neun Bücher über die Würde und die Fortschritte der Wissenschaften) als ersten Teil der *Instauratio magna* veröffentlichte. Diese Bücher sind in Form und Gehalt heterogen, denn sie setzen ihre Schwerpunkte nach Bedarf, mit einem Primat der Rhetorik. In *De dignitate* mischen sich literarische Gattungen: Rhetorisch meisterhafte Miniaturabhandlungen, geschliffene Aphorismen, phantasievolle Parabeln und Fabeln stehen neben brillant formulierten Essays. Auch thematisch ist diese Schrift sehr vielfältig: Physik, Rhetorik, Moralphilosophie, Politik und Jurisprudenz bilden die Schwerpunkte; es gibt auch einen, allerdings schwächeren Teil, der sich der Mathematik widmet.

Bacon wartet mit einer Fülle von Verbesserungsvorschlägen auf. Er fordert die Einrichtung eines freien Kollegiats, in dem neue Disziplinen wie Geschichtswissenschaft, moderne Sprachen, Gesellschaftstheorie und Politikwissenschaft vertreten sein sollen. Als erster macht er darauf aufmerksam, wie wichtig eine Geschichte der Literatur und eine Geschichte der einzelnen Wissenschaften für den Wissensfortschritt sein könnten. Für die Naturwissenschaften müssten praktische Forschungseinrichtungen wie Experimentierlabore, ausreichend mit Leichen versorgte Seziersäle, Sammlungen von Instrumenten und Karten sowie botanische Gärten eingerichtet werden. Die Lehrpläne seien zu reformieren: Die Studenten sollten aus didaktischen Gründen mit dem Studium der Künste beginnen und nicht mit Logik und Rhetorik, denn das entspräche der natürlichen Entwicklung der Kinder. Außerdem sei es nötig, Rahmenbedingungen für Forschungskooperationen und einen freien Erfahrungsaustausch aller Gelehrten Europas zu schaffen. Entworfen wird ein überaus modernes Modell wissenschaftlichen Fortschritts durch Kritik und Kooperation.

Das bereits 1620 in zwei Büchern publizierte *Novum Organum* (*Neues Organon*, 1962, R. Hoffmann u.a.) macht den zweiten Teil der *Instauratio magna* aus. Mit ›Organon‹ wurde traditionell die Sammlung philosophischer und logischer Schriften des Aristoteles bezeichnet. Das *Novum Organum* will die dort ausgearbeiteten syllogistischen Verfahren durch eine neue induktive Methode ersetzen. Es gliedert sich in einen destruktiven (»pars destruens«) und einen vorbereitenden Teil (»pars praeparans«). Zunächst seien traditionelle Irrtümer des Intellektes zu erkennen und zu beseitigen, die bislang die Forschung gehemmt hätten. Die von Bacon zu diesem Zweck ausgearbeitete »Idolenlehre« ist das erste Beispiel einer konsequenten Ideologiekritik. Der menschliche Verstand gleiche einem Zerrspiegel, in dem die Welt in verfälschten Bildern erscheint. Von diesen müsse er gereinigt werden.

Die Kritik an den »Erbfehlern des Verstandes« wird flankiert von einer an den Sinnen, die den Menschen entweder im Stich lassen oder täuschen. Eine wechselseitige Korrektur von Sinnen und Verstand erlaube einzig eine neue Forschungsmethode, die den Verstand daran hindert, vorschnell zu verallgemeinern, indem sie ihn an die konkrete Befragung der Natur bindet, und die zugleich die Sinne schult. Bacon betont, dass der Mensch als »Diener und Interpret der Natur« nur so viel »schafft und versteht [...], wie er von der Ordnung der Natur durch die Sache oder den Verstand beobachtet hat«. Es komme somit darauf an, sichere Erkenntnis der Kausalzusammenhänge in der Natur zu erlangen, und dies vermöge der Verstand nur, wenn er entsprechend methodisch angeleitet werde. Bacon propagiert daher keineswegs eine empirische Methode in dem Sinne, dass lediglich Fakten zusammengetragen und beschrieben werden oder, wie später von John Locke und David Hume partiell angenommen, dass einfach die vom Verstand unverfälschte sinnliche Wahrnehmung sichere Erkenntnis garantiert. ›Erfahrung‹ heißt, die Natur auf alle Weisen zu befragen und Verfahren zu entwickeln, wie die jeweiligen Resultate überprüft werden können. Hierbei offenbart Bacons Methode ihren patriarchalisch-gewaltsamen Charakter: Von alleine gebe die Natur ihre Geheimnisse nicht preis, sie müsse »durch die Tat unterworfen«, »aus ihrem eigenen Zustand herausgetrieben, gepresst und geformt« werden. Tatsachen liegen also nicht einfach nur vor und warten darauf, entdeckt zu werden, sondern sie können nur durch »gezielte Erfahrung, die Experiment genannt wird« erzeugt werden. Hierbei sei darauf zu achten, dass nicht wie in der aristotelischen Wissenschaftsauffassung alle unregelmäßigen Ergebnisse als Abweichung ignoriert werden, sondern die Theorie gerade die Abweichungen von den Standardresultaten einfangen und erklären können müsse. ›Wunder‹ und Ausnahmeerscheinungen der Natur, z. B. Missgeburten, sind daher die Testfälle, an denen sich die Erklärungskraft der Methode zu bewähren habe.

Aus diesem Grunde sammelt Bacon zunächst strikt deskriptiv alle Sorten von Beobachtungen und stellt sie gemäß vager Verwandtschaften in einer ersten Ordnung zusammen. Dann selektiert er per Experiment und Falsifikation, d. h. anhand fehlender Übereinstimmungen bei verwandten Fällen. Beim Filtern der so gewonnenen ›Daten‹ helfen Schlüsselexperimente, im *Novum Organum* als »instantiae crucis«, also Fälle des Scheidewegs bezeichnet.

Bacons Konzept der »experientia literata«, der »gelehrten Erfahrung«, wurde von ihm in der später erscheinenden Schrift *De Augmentis* (1623) präzisiert. Dort heißt es: »die wissenschaftliche Erfahrung, oder die Jagd Pans, behandelt die Art, Versuche anzustellen«. Pan selbst ist in *De sapientia veterum*, 1609 (*Die Weisheit der Alten*, 1926, J. Fürstenhagen), als ein Jäger charakterisiert, der sich gerade nicht an die althergebrachten Regeln hält und so zum positiven Vorbild für Bacons Wissenschaftler wird. Bacon unterscheidet acht Suchweisen. Im Einzelnen erfolgt die Jagd durch Variation des Experiments (per variationem), durch seine Wiederholung und Verlängerung (per productionem), durch seine Verlagerung (per translationem), Umkehrung (per inversionem) oder durch äußerstes Zwingen (per compulsionem), durch seine Anwendung (per applicationem), seine Verknüpfung mit anderen Experimenten (per conjunctionem) und durch glücklichen Zufall (sortes experimenti).

Bacons induktive Methode wäre unzureichend beschrieben, würde man sie lediglich als bloßes Verallgemeinern von Beobachtungsdaten erklären. Diese Vorgehensweisen erfordern Phantasie und Spürsinn, den produktiven Einsatz von Ahnungen und das Herstellen von Analogien. Gelehrte Erfahrung ist daher »mehr Scharfsinn und eine Fährten-witternde Jagdweise als Wissenschaft«. Diese Analogie wurde von Bacon als heuristische Erkenntniskategorie eingesetzt, als »scientiae analogia«. Die induktive Methode besteht somit zum einen im unterschiedlichen Experimentieren mit der Natur, zum anderen im imaginativen Auffinden von Analogien und Gemeinsamkeiten.

Der dritte Komplex der *Instauratio magna* soll eine möglichst umfangreiche Sammlung von Experimentberichten vorlegen, die dazu dient, das menschliche Gedächtnis zu unterstützen und der Forschung Material zu liefern, das als Grundlage für die Restrukturierung der Wissenschaften taugt. Im selben Band wie das *Novum Organum* erschien dementsprechend 1620 bereits »Parasceve ad historiam naturam et experimentalum« (Vorbereitungstext zu einer Natur- und

Experimentalgeschichte) sowie ein »Catalogus historam particularum« (Katalog einzelner Naturgeschichte). 1622 dann publizierte Bacon die *Historia ventorum* (Naturgeschichte der Winde). Letztere ist für die Geschichte der empirischen Wissenschaften insofern interessant, als in ihr die Leser direkt aufgefordert werden, Berichte zu sammeln, die nicht von Gelehrten, sondern von Praktikern, in diesem Falle von Seefahrern, stammen. Weitere Sammlungen folgten: 1623 die *Historia vitae et mortis* (Naturgeschichte des Lebens und des Todes), die sich mit den Möglichkeiten beschäftigt, das Leben zu verlängern; postum erschien 1658 die *Historia densi et rari* (Naturgeschichte des Dichten und Lockeren). Von den übrigen geplanten Naturgeschichten – über das Schwere und Leichte, die Sympathie und Antipathie zwischen den Dingen, über den Schwefel, das Quecksilber und das Salz – sind Rohentwürfe erhalten.

Das nach den *Essays* im 17. Jh. mit großem Abstand wirkungsmächtigste Werk Bacons war das ebenfalls zum dritten Abschnitt der *Instauratio* zählende Werk *Sylva Sylvarum, or A Natural History in Ten Centuries* (Wald der Wälder, oder eine Naturgeschichte in zehn Centurien), das 1626 gemeinsam mit *Nova Atlantis* postum erschien und im Zeitraum von 1626 bis 1685 20 Auflagen (16 englische, drei lateinische und eine französische) erlebte. *Sylva Sylvarum* setzt am konsequentesten die von der *Instauratio* für diesen Teil vorgesehene Aufgabe um, Material für ein produktives Voranschreiten des Wissens zu sammeln. Das Buch besteht aus zehn Centurien, die jeweils in 100 Paragraphen unterteilt sind. Jeder dieser 1000 Paragraphen nennt eine oder mehrere Tatsachen und gibt dazu unterschiedlich ausführliche Kommentare. Die Beispiele entstammen den unterschiedlichsten Fundorten; es sind thematisch sehr bunte Lesefrüchte oder Experimentberichte. Es gibt keine Übereinstimmungen zwischen der rein äußerlich bleibenden Centurien-Ordnung und dem Themengemisch der Paragraphen, d.h. Bacon verstand es, vorschnelle Ordnungen seines Materials zu vermeiden und stattdessen die Forschung zu zwingen, sich auf die Mannigfaltigkeit und Disparatheit des Materials einzulassen. Die chaotisch anmutende Präsentation hat einen forschungsstrategischen Sinn, denn sie ermöglicht die Erforschung neuer Phänomene durch die überraschende Kombination auch unähnlicher Fälle. Auch hier wird der Einsatz von Imagination und Phantasie verlangt. An einer Schlüsselstelle lobte Bacon entsprechend an seiner Schrift, dass sie eigentlich »keine Naturgeschichte« sei, sondern eine »höhere Form von natürlicher Magie. Das heißt nicht nur eine Beschreibung der Natur, sondern das Aufbrechen der Natur in große und seltsame Werke.« Der Zusammenhang der gemeinsam veröffentlichten Texte *Sylva Sylvarum* und *Nova Atlantis* wurde von der Forschung noch nicht eingehend untersucht; insbesondere ist ungeklärt, wie sich das in *Nova Atlantis* in Form einer literarischen Utopie entworfene Forschungsprogramm zu den tatsächlich von Bacon in *Sylva Sylvarum* vorgelegten Experimentalgeschichten verhält. Für die als Teile 4–6 der *Instauratio* vorgesehen Abschnitte sind von Bacon nur Bruchstücke und Rohentwürfe überliefert. Der vierte Teil sollte »Modelle und Typen« entwerfen, mit denen exemplarisch der Verstand sich im Erfinden schulen könne. Hier liegt nur ein Fragment vor, »Filum labyrinthi« (Der Labyrinthfaden), sowie ein Text, der als Vorwort zu diesem Teil vorgesehen war, das »Abecedarium novum naturae« (ABC der Neuen Natur). Der die neue Philosophie antizipierende fünfte Teil beschwört die Mithilfe zukünftiger Generationen, von Bacon wurden lediglich zwei Bausteine vorgelegt: »De Fluxu et Refluxu Maris« (Über Ebbe und Flut) und das »Thema Coeli« (Mutmaßungen über den Bau des Himmels). Die Ausführung des sechsten Teils fehlt, sie bleibt Aufgabe »des Menschengeschlechts«.

Die Nachwirkung von Bacons *Instauratio* war gewaltig – nicht allein, weil Bacon mit ihr zum Ahnherrn des philosophischen Empirismus und der ›baconischen‹, d.h. experimentellen Wissenschaften wurde und Gründerväter bedeutender wissenschaftlicher Akademien wie der Royal Society of London sich auf ihn beriefen, sondern vor allem, weil er das Verständnis, was Wissenschaft ist und sein kann, grundlegend veränderte und dadurch zu einem der wichtigsten Wegbereiter der Moderne wurde. CLAUS ZITTEL

Galileo Galilei

* 15. Februar 1564 in Pisa (Italien)
† 8. Januar 1642 in Arcetri (Italien)

Ab 1589 Mathematikprofessur in Pisa, ab 1592 in Padua; 1610 Anstellung am Hof der Medici in Florenz; 1633 Verurteilung durch die Inquisition nach Veröffentlichung der kopernikanischen Schrift *Dialogo*; bis zu seinem Tod unter andauerndem Hausarrest; verfasste bedeutende Beiträge zur im Entstehen begriffenen modernen Wissenschaft, insbesondere zu Mechanik und Astronomie.

Dialog über die beiden hauptsächlichsten Weltsysteme: das ptolemäische und das kopernikanische / Dialogo di Galileo Galilei linceo matematico sopraordinario dello studio di Pisa e filosofo e matematico primario del Serenissino Gr. Duca di Toscana

Der *Dialogo* von 1632 ist sowohl eine Abhandlung über Astronomie, Kosmologie und mechanische Theorie als auch ein epistemologisches Werk, behandelt insgesamt also den Aufbau der Welt. Das Hauptthema ist die Gegenüberstellung des damals herrschenden ptolemäischen, also geozentrischen Systems und des kopernikanischen, also heliozentrischen Systems, das sich seit der Veröffentlichung von Nikolaus Kopernikus' *De revolutionibus orbium caelestium* (1543) entwickelt hatte. Im ptolemäischen Weltbild kreisen die Planeten und Sterne um die im Mittelpunkt befindliche Erde. Das kopernikanische Weltbild hingegen stellt die Sonne in den Mittelpunkt des Universums, um die sich die Erde als einer unter anderen Planeten dreht.

Eine der Konsequenzen dieser Konzeption ist das Verschwinden der aristotelischen Unterscheidung zwischen sublunarer und superlunarer Welt, die in der geozentrischen Auffassung der Angelpunkt der Physik und der Naturphilosophie bis zum 17. Jh. war. Gemäß dieser Unterscheidung müssten die physikalischen Gesetze der sublunaren Welt, die von den Prozessen des Werdens und Vergehens charakterisiert ist, sich gänzlich von jenen im siderischen Raum herrschenden unterscheiden, der in Relation zu sich selbst stets unverändert bleibt.

Der galileische *Dialogo* ist insofern ein weiterer Schritt hin zur Bestätigung des heliozentrischen Weltbilds, als er der Versuch einer neuen Systematisierung des Corpus der Naturgesetze ist, die für das gesamte Universum gültig sind.

Der *Dialogo* ist in vier »Tage« eingeteilt. Während des ersten Tages wird unter Berufung auf den aristotelischen Aufbau des Universums, konkret auf Aristoteles' *De caelo*, die Theorie der einfachen Bewegungen kritisiert. Galileo bekräftigt, dass die geradlinigen (beschleunigten) und die kreisförmigen (gleichmäßigen) Bewegungen sowohl für die Planeten als auch für die Bewegung der Objekte auf der Erdoberfläche zutreffen. Das Hauptthema des zweiten Tages ist die tägliche Rotation der Erde. Galileo erörtert zunächst die von Aristoteles, Ptolemaios und Ticho vorgebrachten Argumente gegen die Existenz der täglichen Rotation der Erde, um im Anschluss daran seine Theorie der gleichförmig beschleunigten Bewegung (die zurückgelegte Strecke eines aus der Ruhe bewegten Objekts entspricht dem Quadrat der vergangenen Zeit), das Prinzip der klassischen Relativität (die physikalischen Gesetze bleiben in allen Systemen identisch, ganz gleich ob sich das Bezugssystem in Ruhe befindet oder ob eine geradlinige gleichförmige Bewegung vorliegt), und das Prinzip der zusammengesetzten Bewegung im freien Fall (die Flugbahn eines Körpers ist ein Halbkreis, dessen Durchmesser sich zwischen dem Startpunkt dieser Bewegung und dem Mittelpunkt der Erde befindet, die Bewegung des Falls hängt von der täglichen Rotation der Erde ab) zu erläutern. Der dritte Tag ist der jährlichen Rotation der Erde gewidmet. Galileo führt die allgemeine Beschreibung des Sonnensystems entsprechend der Sichtweise des Kopernikus aus, wobei er den Ablauf der Jahreszeiten nicht wie Kopernikus auf eine dritte Erdbewegung, sondern auf eine Neigung der Erdachse zurückführt. Der vierte Tag ist der Diskussion der Gezeiten gewidmet, die mit der täglichen und der jährlichen Rotation der Erde erklärt werden. Das Phänomen der Gezeiten wird als Resultat einer Zusammensetzung von Bewegungen des Wassers der Meere und Ozeane beschrieben, die überwiegend in Analogie zur Bewegung des Pendels analysiert werden.

Zur Zeit der Veröffentlichung des *Dialogo* war Galileo einer der bekanntesten Wissenschaftler Europas, und die Erwartungen aufgrund seiner seit 1610 wiederholten Ankündigungen der bevorstehenden Publikation eines Werkes über den Aufbau der Welt führten zu einem großen Erfolg des *Dialogo*. Noch im Jahr der Veröffentlichung wurde das Werk auf den *Index librorum* gesetzt, was zeitweise zu einer beschränkten Verbreitung der Ideen Galileos führte. Der *Dialogo* zeigt in der Tat bereits bei einer ersten Lektüre eine klare Präferenz für das heliozentrische System, dessen Verbreitung durch das Heilige Offizium 1616 verboten worden war. Die Zensur des *Dialogo* ist außerdem auf den gegen Galileo gerichteten Verdacht der Ketzerei zurückzuführen, der seit dessen Publikation des *Saggiatore* (1623) durch die jesuitischen Naturphilosophen des Collegio Romano genährt wurde. In diesem Werk präsentiert Galileo atomistische Ideen, die der Darstellung der Transsubstantiation, so wie sie während des Konzils von Trient als Dogma bestätigt wurde, widersprechen.

Galileos Werk ist in der literarischen Form eines Dialogs abgefasst. Nach den literaturwissenschaftlichen Theorien der Renaissance ist der Dialog eine literarische Form, die es dem Autor ermöglicht, keine Verantwortung für die im Dialog dargestellten Ideen zu tragen und einander widersprechende Auffassungen mit gleichem Abstand zu präsentieren, um damit Objektivität zu erzeugen. Galileos *Dialogo* stellt den Höhepunkt der Verwendung der literarischen Form des Dialogs in der wissenschaftlichen Kommunikation während der Renaissance dar. Die Entscheidung des Heiligen Offiziums, ein so berühmtes Beispiel dieser literarischen Form auf den *Index* zu setzen, bedeutete das Ende der Nutzung des Dialogs als Vehikel zur Verbreitung wissenschaftlicher Ideen bis zur Moderne. MATTEO VALLERIANI

Robert Hooke

* 18. Juli 1635 in Freshwater/Isle of Wight (Großbritannien)
† 3. März 1703 in London (Großbritannien)

1648 Beginn einer Lehre beim Porträtmaler Peter Lely; 1648 oder 1649 Wechsel an die Westminster School; 1653–1658 Studium in Oxford; physikalische, chemische und physiologische Arbeiten, zum Teil im Auftrag der Royal Society; 1662 Ernennung zum Curator of Experiments der Royal Society; 1665 Festanstellung, Ernennung zum Professor der Geometrie; 1666 nach dem Londoner Großfeuer Ernennung zum City Surveyor, Planung und Leitung des Wiederaufbaus diverser öffentlicher und privater Gebäude.

Mikrographie / Micrographia. Some Physiological Descriptions of Minute Bodies Made by Magnifying Glasses with Observations and Inquiries thereupon

Der Autor des 1665 erschienenen Buches gilt als der ›englische Leonardo‹, und das nicht zu Unrecht: Das Spektrum seiner Tätigkeiten ist beträchtlich. Hooke bekleidete diverse Ämter in Verbindung mit der neu gegründeten Royal Society, u.a. als Kurator für Experimente und Professor der Geometrie. *Micrographia*, sein bekanntestes Buch, spiegelt die Vielfalt seiner Beschäftigungen und die enge Verbindung zur Royal Society. Es ist zugleich eines der frühesten illustrierten Werke zur Mikroskopie, programmatische Schrift zur Darlegung der Ziele und Überzeugungen der Royal Society und ein Bericht über Beobachtungen und Experimente, die Hooke in ihrem Auftrag durchführte.

Das ausführliche Vorwort beginnt mit einer theologisch-philosophischen Apologie für Mikroskop und Teleskop. Hooke zufolge können die Menschen mit optischen Instrumenten die gottgegebene Sehkraft und die ursprüngliche Einheit mit der Natur wiedererlangen, die sie durch den Sündenfall verloren haben. Im Einklang mit dem Programm der Royal Society spielt Hooke dann empirische Erfahrung gegen scholastische Gelehrsamkeit aus. Auch beschreibt er die Konstruktion und Funktion seines zusammengesetzten Mikroskops und gibt Anweisungen zu dessen Benutzung und zur Vermeidung optischer Täuschungen.

Das Buch besteht zu weiten Teilen aus Bildern und Beschreibungen der Feinstruktur verschiedenster Objekte, etwa der Schneide eines Rasiermessers, des Sandkorns, des Holzes und Korks, diverser Pflanzenteile sowie der Pfauenfedern und Schneckenzähne. Die Abbildungen und Texte verdeutlichen, wie stark das Mikroskop den Gesichtskreis erweitern kann. Zwischendrin nimmt Hooke zu physikalischen, chemischen und biologischen Themen Stellung. Er schreibt über Licht und Farbe, Wärme und Verbrennung, die Struktur der Materie, Zeugung und Wachstum. Der letzte Teil des Werks handelt von Gestirnen, u.a. davon, wie die Entfernung der Sonne und des Mondes von der Erde bestimmt werden können.

Die Darstellungen der kleinsten Dinge bekräftigen Hookes wissenschaftliche und metaphysische Botschaften. Sie illustrieren die Allmacht des Schöpfers und die Richtigkeit des mechanistischen Weltbilds. Die raue Schneide des Rasiermessers z. B. zeigt, wie erbärmlich sich unsere handwerklichen Fähigkeiten im Vergleich zu Gottes Werken ausnehmen. Der komplizierte Bau des Insektenauges beweist die Kunst und Zweckmäßigkeit göttlichen Handelns. Die Sensitivität der Mimose, das Wachsen des Schimmels und die Fortpflanzung illustrieren die Wirkung mechanischer Ursachen.

Insbesondere in Großbritannien blieb die *Micrographia* bis ins frühe 19. Jh. hinein ein Vorbild für Mikroskopie-Bücher. Viele Autoren stellten, wie Hooke, der Beschreibung und Abbildung mikroskopischer Objekte eine Rechtfertigung mikroskopischer Beobachtung sowie eine ausführliche Darstellung der Funktion des Mikroskops und der Methode mikroskopischer Beobachtung voran, und nicht selten wurden Passagen aus der *Micrographia* übernommen, wobei sich diese Autoren auf die biologischen Themen beschränkten.

JUTTA SCHICKORE

Isaac Newton

* 4. Januar 1643 in Woolsthorpe-by-Colsterworth/Lincolnshire (Großbritannien)
† 20. März 1727 in Kensington/London (Großbritannien)

1664–1701 zuerst als Student, dann als Professor in Cambridge; zog nach London, wo er 1703 zum Präsidenten der Royal Society gewählt wurde; beschrieb u.a. die universelle Gravitation; zahlreiche mathematische Innovationen, wie die Begründung der Differenzialrechnung; seine anderen Interessen, etwa im Bereich der Alchemie und Chronologie, waren lange kaum bekannt und werden auch heute vergleichsweise wenig beachtet.

Die mathematischen Prinzipien der Physik / Philosophiae naturalis principia mathematica

Das 1687 publizierte Werk kann als eines der einflussreichsten Bücher der modernen Naturwissenschaften angesehen werden. Newton formuliert darin seine Lehre, aus der spätere Generationen die sogenannte Newton'sche Physik bzw. Mechanik geschaffen haben. Zentraler Begriff dabei ist die ›Kraft‹, und die Hauptaufgabe der physikalischen Forschung besteht darin, die Kräfte der Natur aus den Bewegungserscheinungen aufzuspüren und anschließend aus diesen Kräften die übrigen Naturerscheinungen herzuleiten. Den aus drei Büchern bestehenden *Principia* sind zwei vorbereitende Kapitel zur begrifflichen und axiomatischen Grundlegung vorangestellt.
Im ersten Kapitel werden einige physikalische Grundbegriffe definiert, insbesondere wird eine mathematische Beschreibung der Kraft gegeben. In dem »Scholion« am Ende dieses Kapitels erläutert Newton, wie die im Alltag benutzten Raum- und Zeitbegriffe mit dem absoluten Raum und der absoluten Zeit zusammenhängen. Beide haben seiner Meinung nach eine reale Existenz.

Im zweiten Kapitel formuliert Newton drei Axiome, welche in seiner Physik die Stellung von allgemeinen Bewegungsgesetzen einnehmen, mit deren Hilfe das physikalische Geschehen mathematisch beschrieben werden kann, sofern die herrschenden Kräfte bekannt sind. Das erste Axiom ist das sogenannte Trägheitsgesetz, wonach sich ein Körper im absoluten Raum so lange geradlinig gleichförmig bewegt, wie auf ihn keine äußeren Kräfte einwirken. Dieses Gesetz spricht Newton in enger Anlehnung an eine Formulierung von Descartes aus. Allerdings ist bei Newton selbst die Trägheitsbewegung noch keine kräftefreie Bewegung (wie in der späteren Newton'schen Physik), sondern Folge des Wirkens der ›vis insita‹ (inhärenten Kraft) der Materie. Das zweite Axiom besagt, dass die Änderung der Bewegungsgröße eines Körpers proportional der Bewegungskraft ist, die dem Körper eingeprägt wird, und diese Änderung in Richtung der Bewegungskraft erfolgt. Diese besteht nur in der Einwirkung und verbleibt nicht im Körper und lässt sich experimentell durch die Betrachtung des statischen Gleichgewichtsfalls bestimmen. Dieses Axiom, das in der von Newton angegebenen Form, d.h. mit seinem Maß für die Bewegungskraft, keinen historischen Vorgänger zu haben scheint, wurde später von J. Hermann und L. Euler in das sogenannte Newton'sche Bewegungsgesetz (»Kraft = Masse × Beschleunigung«) umformuliert, wodurch die Beschreibung mechanischer Bewegungen mit Hilfe von Differenzialgleichungen möglich wurde. Newtons drittes Axiom besagt, dass jeder Körper, der eine Einwirkung von einem anderen Körper erfährt, auf den einwirkenden Körper in gleicher Stärke zurückwirkt. Dieses Axiom findet sich bereits in den Schriften älterer Autoren, von denen Newton es mit sehr großer Wahrscheinlichkeit übernommen hat.

In Buch I entwickelt Newton vor allem die Dynamik von einem mathematischen Standpunkt aus, um die erhaltenen Ergebnisse auf konkrete physikalische und astronomische Probleme anwenden zu können. Dieses Buch beginnt mit einem mathematischen Kapitel, das eine allgemeine Integrationstheorie enthält, nach der die Größe der Flächen unter einer Kurve durch die Berechnung des gemeinsamen Grenzwertes von Ober- und Untersummen bestimmt wird. Um die Gleichheit dieser beiden Grenzwerte zeigen zu können, entwickelt Newton sein Verfahren der ersten und letzten Verhältnisse, das indirekt einen Grenzwertbegriff benutzt, der später von A.L. Cauchy systematisch ausgearbeitet wurde. Außerdem enthält das Buch ein Kapitel über die Konstruktion von Kegelschnitten, das zugleich Höhepunkt und Abschluss der synthetischen Kegelschnitttheorie ist.

Hauptziel von Buch II ist es zu zeigen, dass die Cartesische Wirbeltheorie die beobachteten Planetenbewegungen nicht erklären kann. Darum wird in ihm hauptsächlich die Fludiumsmechanik behandelt, insbesondere die Bewegung von Körpern in Widerstand leistenden Medien. Im zweiten Kapitel dieses Buches veröffentlichte Newton zum ersten Mal seine Fluxionsrechnung, die er aber schon in den Jahren 1664 bis 1666 erfunden hatte und über die später zwischen ihm und G. W. Leibniz ein heftiger Prioritätenstreit entbrannt ist.

Im abschließenden Buch III, »Über das Weltsystem«, entwickelt Newton sein berühmtes Gravitationsgesetz. Sämtliche Körper in der Welt ziehen sich gegenseitig mit einer Kraft an, die dem Produkt ihrer Massen direkt proportional und dem Quadrat ihres gegenseitigen Abstandes umgekehrt proportional ist. Mit diesem Gesetz und den dynamischen Ergebnissen aus dem Buch I kann Newton den Aufbau unseres Sonnensystems erklären. Insbesondere kann er die Gültigkeit der drei Kepler'schen Gesetze für die Planetenbewegungen dynamisch begründen. Ein Höhepunkt dieses Buches ist der Nachweis, dass die beobachteten Kometen auf sehr exzentrischen Bahnen um die Sonne laufen und also zu unserem Sonnensystem gehören. Ferner berechnet er die ellipsoide Gestalt der Erde, die durch spätere Landvermessungen weitgehend bestätigt wurde, und stellt eine Theorie der Gezeiten auf. Anhand vieler in den *Principia* beschriebener und von Newton durchgeführter Experimente werden die theoretisch gewonnenen Ergebnisse untermauert.

Die in den *Principia* benutzten mathematischen Verfahren und die mit ihnen erlangten mathematischen Ergebnisse fanden bei den Zeitgenossen uneingeschränkte Anerkennung. Heftige Kritik hingegen erhob sich gegen Newtons Konzept vom absoluten Raum und der absoluten Zeit und gegen seine Vorstellungen von der allgemeinen Gravitation. Gegen das Gravitationsgesetz wandte man ein, dass die Gravitation eine philosophisch unmögliche Fernwirkung sei. Newton bestritt niemals, dass er für die Gravitation keine Ursache angeben könne, vielmehr bemühte er sich sein ganzes Leben lang vergeblich, die Gravitation auf irgendeine Ursache (z. B. auf das Wirken eines Äthers) zurückzuführen.

Die zweite Auflage der *Principia* (1713) ist eine gründliche Überarbeitung und Erweiterung, die Newton in enger Zusammenarbeit mit R. Cotes vorgenommen hat. Seit dieser Auflage beginnt das Buch III mit den berühmten »Regulae philosophandi« (Regeln zur Erforschung der Natur) und endet mit dem nicht minder berühmten »Scholium generale« (Allgemeines Scholion), in welchem Newton sein Konzept vom absoluten Raum, von der allgemeinen Gravitation und anderen physikalischen und philosophischen Grundpositionen verteidigt. Zudem erläutert er, welche Stellung seiner Meinung nach Gott in der Welt habe und welche Rolle der Physik bei der Gotteserkenntnis zufalle. Hier spricht Newton auch sein »Hypotheses non fingo« (»Hypothesen erdichte ich nicht«) aus und verwahrt sich gegen die Benutzung verborgener Eigenschaften (»qualitates occultae«) zur Beschreibung und Erklärung der Natur. Dagegen betont er ausdrücklich, dass seine Physik eine allein auf der experimentellen Erfahrung beruhende Wissenschaft sei. VOLKMAR SCHÜLLER

Carl von Linné

* 23. Mai 1707 in Råshult (Schweden)
† 10. Januar 1778 in Uppsala (Schweden)

(auch: Carolus Linnaeus; d. i. Carl Nilsson Linnaeus) – 1727 Medizinstudium in Lund und Uppsala; 1735 Promotion an der Universität von Harderwijk (Niederlande); 1739 Arzt in Uppsala, 1741 dort Professor für Medizin; 1762 Verleihung des Adelstitels und Änderung des Namens in Carl von Linné; erlitt 1774 einen schweren Schlaganfall, von dessen Folgen er sich bis zu seinem Tod nicht mehr erholte; führte die binäre Nomenklatur und die systematische Taxonomie (Klassifikation) in die Biologie ein; gilt als einer der bedeutendsten Naturforscher überhaupt.

Systema naturae. sive regna tria naturae systematice proposita per classes, ordines, genera, & species / Natur-Systema, oder die in ordentlichem Zusammenhange vorgetragene drey Reiche der Natur, nach ihren Classen, Ordnungen, Geschlechtern und Arten

Das 1735 erschienene Werk steht am Anfang einer der größten publizistischen Erfolgsgeschichten des 18. Jh.s. Sein Verfasser, der 28-jährige Medizinstudent Carl Linnaeus, hatte das Manuskript zu diesem Werk im Gepäck, als er sich im Sommer 1735 von Uppsala aus auf die Reise nach Harderwijk in den Niederlanden machte, um an der dortigen Universität zu promovieren. Linné stammte selbst aus unbedeutenden Verhältnissen, besaß aber besonderes Geschick, sich die Protektion einflußreicher Persönlichkeiten zu verschaffen. Bereits vor seiner Ankunft hatte er einige Artikel in den *Hamburgischen Berichten von Neuen Gelehrten Sachen* lanciert, die von seiner Forschungsreise nach Lappland 1732 und von zahlreichen, von ihm verfassten Manuskripten zu berichten wussten. In Holland angekommen, kam Linné in Verbindung mit dem Mediziner Johann Friedrich Gronovius, zugleich Senator in Leyden, und dem schottischen Arzt Isaac Lawson, die sich bereit erklärten, das *Systema naturae* zum Druck zu befördern. Gute Kontakte zu dem Mediziner und Chemiker Herman Boerhaave sowie dem Direktor der Vereinigten Ost-Indischen Kompanie George Clifford sorgten außerdem dafür, dass dem *Systema naturae* weitere Publikationen folgen konnten: *Fundamenta botanica* und *Bibliotheca botanica* (1736); *Genera plantraum*, *Critica botanica*, *Hortus cliffortianus* und *Flora lapponica* (1737); sowie *Classes plantarum* (1738). Das *Systema naturae* stand im Zentrum dieses Corpus, dessen Einzelteile bis in das 19. Jh. hinein in zahllosen Neuauflagen, Raubkopien, Übersetzungen und Popularisierungen erschienen. Der serielle Charakter dieser literarischen Produktion, vergleichbar nur mit Georges Buffons 31-bändiger *Histoire naturelle* (1749–1788), kommt im *Systema naturae* besonders gut zum Ausdruck. Zu Lebzeiten Linnés erschienen 13 autorisierte Neuauflagen, wobei das Werk von einem elfseitigen Folioband auf drei ca. 500-seitige Oktavbände anschwoll.

Was diesen publizistischen Erfolg besonders überraschend macht, ist die Tatsache, dass das *Systema naturae* kein Text ist, der Aussagen argumentativ oder narrativ verknüpft. Es besteht vielmehr im Kern aus drei Tabellen, die jeweils eine streng hierarchische Einteilung eines der drei »Naturreiche« nach Klassen, Ordnungen, Gattungen und Arten präsentieren. In einem Falle, dem Reich der Pflanzen, wird die Tabelle noch durch ein dichotom gegliedertes Diagramm ergänzt, das die Einteilungsschritte des zu Grunde liegenden »Sexualsystems« (systema sexuale) verdeutlicht. Allen Darstellungen gemeinsam ist der fast vollständige Verzicht auf eine Beschreibung der eigentlichen Gegenstände der Naturgeschichte, anders als in den Naturgeschichten des 17. Jh.s, und anders als in Buffons *Histoire naturelle*. Die Arten und Gattungen der Steine, Pflanzen und Tiere sind nur durch ihre bloßen Namen repräsentiert. Thema des *Systema naturae* ist die Ordnung der Natur, synoptisch dargestellt in einem flächigen Arrangement indexikalischer und typographischer Elemente, und strukturiert durch wenige, leicht nachvollziehbare Unterscheidungen.

In dieser extremen Reduktion lag das Erfolgsgeheimnis des *Systema naturae*. Es handelt sich um ein Werk, das mehr zur Benutzung als zur Lektüre bestimmt war. Es erlaubte dem Nutzer, einen Stein, eine Pflanze oder ein Tier dem Namen nach zu identifizieren, um sich dann zwecks weiterer Informationsbeschaffung anderen Werken des Autors, etwa den *Genera plantarum* oder den *Species plantarum* zuzuwenden. Auch diese Werke zeichneten sich durch eine systematische

Exploration indexikalischer und typographischer Mittel aus, von denen die Einführung sogenannter binominaler Artnamen im Jahre 1753 nur eine von vielen war. Das Verfahren erstreckte sich sogar auf solche Texte Linnés, die eher von argumentativer Natur waren. Dem *Systema naturae* waren eine Reihe von ›Beobachtungen‹ (observationes) zu den drei Reichen der Natur beigegeben, die aus kurzen, nur lose durch Querverweise miteinander verknüpften Aphorismen bestanden. Eine ähnliche Struktur weisen die meisten Texte Linnés auf, insbesondere die *Philosophia botanica* von 1751, aber auch seine Reiseberichte aus verschiedenen Provinzen Schwedens.

Über die weitreichende Wirkung hinaus, die das *Systema naturae* für die mediale Organisation der Naturgeschichte hatte, setzte es drei ideengeschichtliche Akzente. Die ›Beobachtungen‹ machten einen systematischen Unterschied zwischen belebter und unbelebter Natur; der Mensch erschien erstmals als eine Tierart (Homo sapiens) neben anderen (den Affen und den Faultieren); und das Sexualsystem erging sich in Anthropomorphismen, die einer Ethnographie europäischen Sexualverhaltens gleichkamen. Das Gespür für ›heiße‹ Themen des 18. Jh.s und die gleichzeitige Begabung, diese in einer Form zu präsentieren, die jedem zugänglich und bald unentbehrlich war, machten und machen die Attraktivität des *Systema naturae* aus.

STAFFAN MÜLLER-WILLE

Caspar Friedrich Wolff

* 18. Januar 1734 in Berlin (Deutschland)
† 22. Februar 1794 in St. Petersburg (Russland)

Studierte Medizin in Berlin und Halle und arbeitete ab 1763 am Collegium medico-chirurgicum in Berlin; ab 1766 an der Akademie der Wissenschaften in St. Petersburg; mit seinen entwicklungsgeschichtlichen Arbeiten, in denen er die epigenetische Theorie der Lebensentstehung vertrat, Mitbegründer der modernen Embryologie und Teratologie.

Caspar Friedrich Wolff's Theoria generationis / Theoria generationis

In der 1759 erschienenen, für die Biologie, insbesondere für die Embryologie epochemachenden Dissertation wendet sich der Verfasser gegen die vorherrschende Präformationstheorie der Entstehung der Lebewesen. Nach dieser Theorie, die seit dem 17. Jh. vorherrschte, waren alle Lebewesen beim göttlichen Schöpfungsakt in unendlich kleiner Gestalt vorgebildet worden und schlummerten so lange, bis sie irgendwann an der Reihe waren und sich von einem vorgeformten Homunculus zu einem Lebewesen entfalteten. Gegen diese Vorstellung setzt Wolff die Epigenesis als Bildungsprinzip, wonach sich die einzelnen Teile des Körpers aus unorganisierter Materie, aus sogenannten Bläschen, entwickeln. Diese Bläschen entstehen aus einer amorphen, flüssigen Substanz, wobei Wolff die Entwicklung bzw. das Wachstum als durch Ernährungsprozesse bedingt ansieht und eine sogenannte essentielle Kraft (vis essentialis) annimmt, die diese Vorgänge steuert.

Wolff war nicht der Erfinder der Epigenesis, die bis zu Aristoteles zurückreicht, doch anhand seiner Experimente mit Pflanzen und bebrüteten Hühnereiern konnte er bis dahin unbekannte Ähnlichkeiten der Entwicklung in der pflanzlichen und tierischen Welt nachweisen. Was in der Pflanze den Aufbau der Fasern in den Stengeln oder die Rippen der Blätter ausmacht, liegt im tierischen Organismus den Muskeln oder Nerven zugrunde. Aus den Bläschen bilden sich auch die Organe, also etwa bei der Pflanze Stamm, Blatt oder Blüte, beim Tier die inneren Organe und Extremitäten. Der entscheidende Punkt der Theorie ist, dass die einzelnen Bestandteile des Körpers nacheinander entstehen und zum Teil auseinander hervorgehen. Die Lebensentstehung wird damit zu einem zeitlichen Prozess, der nach natürlichen Gesetzmäßigkeiten abläuft.

Mit seiner Theorie stieß Wolff auf den Widerstand von einflussreichen Präformationisten wie Charles Bonnet oder Albrecht von Haller, die argumentierten, dass die Lebensentstehung aus einer unorganisierten, formlosen Masse nicht mit der göttlichen Natur des Menschen vereinbar wäre. Für Wolff dagegen äußerte sich die schöpferische Kraft der Natur darin, dass sie sich selbst zu erschaffen und zu variieren vermochte. In einer durch neue Experimente und Argumente erweiterten und veränderten, auf Deutsch publizierten *Theorie von der Generation* (1764) meinte Wolff, die Epigenesis bewiesen zu haben, doch zu seiner Enttäuschung stieß er zunächst kaum auf positive Resonanz. So suchte er in der Folgezeit noch weitere Bestätigung für seine Theorie durch ausgedehnte Untersuchungen an Missbildungen zu erhalten, und er veröffentlichte eine Reihe von Untersuchungen, in denen er u.a. zeigen konnte, dass Darm und Niere aus Membranen gebildet wurden und nicht von Anfang an vollständig vorlagen.

In den letzten beiden Jahrzehnten des 18. Jh.s begann die Lehre von der Epigenesis sich durchzusetzen, allerdings in der Version von Johann Friedrich Blumenbach, der in einer berühmt gewordenen Schrift die Existenz eines Bildungstriebs postuliert hatte. Wolffs Annahme einer schöpferischen Kraft der Natur machte ihn insbesondere für Herder und Goethe attraktiv. So blieb es Embryologen und Physiologen des frühen 19. Jh.s wie Johann Friedrich Meckel, Karl Ernst von Baer und Johannes Müller vorbehalten, die überragende Bedeutung Wolffs für die Entwicklungsgeschichte herauszustellen. MICHAEL HAGNER

Johann Friedrich Blumenbach

* 11. Mai 1752 in Gotha (Deutschland)
† 22. Januar 1840 in Göttingen (Deutschland)

1769 Medizinstudium in Jena und Göttingen; 1776 Kurator des akademischen Kabinetts; außerordentlicher Professor und Mitglied der Königlichen Societät der Wissenschaften, Göttingen; 1778 Lehrstuhl für Arzneiwissenschaft und Medizin; 1812 Sekretär der Societät; 1816 Professor Primarius der medizinischen Fakultät; Mitbegründer einer wissenschaftlichen Zoologie und Anthropologie durch wegweisende Studien der vergleichenden Anatomie und Physiologie.

Über die natürlichen Verschiedenheiten im Menschengeschlechte / De generis humani varietate nativa

Blumenbachs 1776 erschienene Doktorarbeit, die durch den Göttinger Naturhistoriker Ch. Büttner angeregt wurde, gilt als ein Gründerwerk der physischen Anthropologie. – Wie vor ihm Linné betrachtet Blumenbach den Menschen als Gegenstand der Naturgeschichte. Der erste Abschnitt seines Buchs behandelt die Unterschiede zwischen Mensch und Tier in Körper und Geist. In den folgenden zwei Abschnitten wird die Frage nach dem Begriff der Art gestellt und die Ursachen der Varietätsbildung diskutiert. In Analogie zur Formenvielfalt domestizierter Tierarten zeigt Blumenbach, dass es sich bei den Unterschieden innerhalb des Menschengeschlechts um oberflächliche und nicht um Artmerkmale handelt. Damit richtete er sich gegen die damals verbreitete Annahme, dass die menschlichen ›Rassen‹ verschiedene Schöpfungen und Spezies seien. Der Glaube an die Einheit des Menschengeschlechts und an das Vervollkommnungspotential aller Varietäten und also aller Menschen verband sich bei Blumenbach mit der Forderung nach der Abschaffung der Sklaverei.

Der vierte Teil schließlich beschreibt die unterscheidenden Merkmale der menschlichen Varietäten wie Schädel- und Gesichtsform sowie Hautfarbe, Haarfarbe und -struktur. Anhand seiner umfangreichen Schädelsammlung an der Universität Göttingen legte Blumenbach das Fundament der Kraniometrie als Grundlage der Rassentypologisierung, obwohl seine vergleichende Schädelanatomie noch nicht metrisch war. Blumenbach unterschied zunächst vier Hauptvarietäten: die kaukasische (Europäer, Westasiaten und Nordafrikaner), mongolische (übrige Asiaten, Finnen, Lappen und ›Eskimos‹), amerikanische (übrige Ureinwohner Amerikas) und äthiopische (übrige Afrikaner). Hinzu kam in der dritten Ausgabe des Werkes die malaiische Varietät (Ureinwohner der pazifischen Inseln und Australiens).

Blumenbach glaubte, dass Klima, Nahrung und Lebensart die Morphologie und Physiologie des Organismus durch Einwirkung auf den Bildungstrieb, eine angeborene formative Kraft, erblich verändern könnten. Allerdings nahm er an, dass neue Arten allein durch Schöpfung entstünden, weshalb er jene Veränderungen als degenerativ betrachtete. Die menschlichen Varietäten seien nun durch Degeneration aus dem – nach seinem Empfinden ästhetischsten – ›kaukasischen‹ Typus hervorgegangen. Die Vorstellung eines Zentrums in Kaukasusnähe, von dem aus sich die Menschen über die Kontinente verteilt, und eines Ursprungstyps, von welchem sie sich dabei differenziert hätten, wies Parallelen zur Genesis des Alten Testaments auf. Damit erschien der kaukasische Typ als direkter Abkömmling und Vertreter der ursprünglichen (schöpfungsnahen) Menschenform.

Im Unterschied zu Zeitgenossen und späteren Klassifikationsbestrebungen stellte Blumenbach jedoch keine hierarchische Ordnung der menschlichen Varietäten auf. Auch verstand er diese eher als das Resultat einer künstlichen Unterteilung von Merkmalsgradienten denn als natürliche Einheiten. Dennoch legte Blumenbachs international einflussreiche Arbeit den Grundstein der physisch-anthropologischen Rassenklassifikation, wie sie im 19. und 20. Jh. gesellschaftspolitischen Formen des Rassismus und Antisemitismus wissenschaftliche Autorität verleihen sollte. MARIANNE SOMMER

Antoine-Laurent Lavoisier

* 26. August 1743 in Paris (Frankreich)
† 8. Mai 1794 in Paris (Frankreich)

1761–1764 Jurastudium an der Sorbonne, Privatkurse in Chemie, Botanik, Astronomie und Mathematik; Wissenschaftler, Funktionär der Steuerverwaltung im Ancien régime, ab 1775 Direktor der staatlichen Pulververwaltung; Einrichtung eines großen Laboratoriums mit Präzisionsinstrumenten im Pariser Arsenal; ab 1768 Mitglied der Pariser Akademie der Wissenschaften; Hauptinitiator der ›chemischen Revolution‹; Mitverfasser der *Méthode de nomenclature chimique* (1787), 1788 Arbeit am *Traité*; 1794 Tod durch die Guillotine.

Des Herrn Lavoisier System der antiphlogistischen Chemie / Traité élémentaire de chimie. Présenté dans un ordre nouveau et d'après les découvertes modernes

Das 1789 erschienene Werk gilt in der Wissenschaftsgeschichte als eines der bedeutendsten Dokumente der ›chemischen Revolution‹, mit der gewöhnlich der Beginn der modernen, wissenschaftlichen Chemie und das Ende der Alchemie datiert wird. Es ist die einzige Monographie Lavoisiers und wurde von diesem als krönender Abschluss seiner jahrzehntelangen Forschung präsentiert. Der *Traité* enthält jedoch weder eine intensive Auseinandersetzung mit Lavoisiers Gegnern noch Ausführungen im Stil der Aufklärung über die Nützlichkeit der neuen Chemie. Vielmehr handelt es sich um den Versuch einer methodisch fundierten, systematischen Neuordnung der reinen Chemie nach dem Vorbild der euklidischen Geometrie und der Newton'schen Mechanik. Gestützt auf Beobachtungen und Experimente sollte die Chemie in ein ›wissenschaftliches‹ (d.h. deduktives) System gebracht werden.

Die Einteilung des Gesamtwerks in drei relativ unabhängige Teile dokumentiert die immensen Schwierigkeiten eines solchen Unterfangens. Die in die Hunderte gehende Zahl verschiedener chemischer Stoffe wirkte als Sprengstoff für jedes deduktive System. Ein Großteil dieser Stoffe wird daher im zweiten Teil untersucht, der im Wesentlichen aus Tabellen besteht. Auch die operativen Techniken der Chemie und ihre Instrumente, die die experimentelle Methode Lavoisiers erst ermöglichten, konnten selbstredend nicht Teil eines deduktiven Systems sein. Sie werden im dritten Teil abgehandelt und durch detailgetreue Zeichnungen von Marie Anne Paulze, der Mitarbeiterin und Ehefrau Lavoisiers, illustriert.

Der erste Teil des *Traité* enthält die Kernpunkte der Lavoisier'schen Lehre in einer ›wahrhaft elementaren Form‹, d. h. in Form eines mehr oder weniger geglückten deduktiven Systems. Zu diesen Kernpunkten gehörten die neue Theorie der Verbrennung als Verbindung des brennbaren Stoffs mit Sauerstoff und der gleichzeitigen Freisetzung von Wärmestoff, die Oxidationstheorie der Metalle, nach der z. B. das Rosten der Metalle als Bildung von Metalloxiden erklärt wurde, eine neue Theorie der Säure, nach der alle Säuren Sauerstoffverbindungen sein sollten, und neue Theorien der Fermentation und Fäulnis, ebenfalls mit Sauerstoff als zentralem Agens.

Diese speziellen chemischen Theorien implizierten eine Revision der traditionellen Identifikation einfacher und zusammengesetzter Stoffe. Nach traditionellem Verständnis waren brennbare Stoffe wie z. B. Schwefel chemische Verbindungen, die bei der Verbrennung in einfachere Komponenten, das hypothetische Phlogiston und eine nachweisbare Säure, zerlegt werden. Nach Lavoisiers Theorie verhielt es sich genau umgekehrt, Schwefel war ein einfacher Stoff, Säuren dagegen chemische Verbindungen; die Rolle des Phlogiston übernahm der hypothetische Wärmestoff. Der Begriff des einfachen, durch chemische Analyse nicht weiter zerlegbaren Stoffs (chemisches Element) existierte bereits Jahrzehnte vor Lavoisier, ebenso wie die Klassifikation der Stoffe nach relativ einfachen und zusammengesetzten Stoffen. Die Referenz dieser Begriffe wurde im Lavoisier'schen System jedoch revidiert.

Für heutige Leser ist der erste Teil des *Traité* in seiner Gesamtanlage nur schwer zugänglich und erscheint daher zunächst als kuriose Mischung aus methodologischem Katechismus, naturphilosophischer Spekulation, experimentellem Faktenwissen und chemischen Spezialtheorien. Er beginnt jedoch ganz systematisch mit einfachen, aus der Sichtweise Lavoisiers durch Erfahrung evidenten ›Prinzipien‹ und schreitet dann fort mit ›Schlussfolgerungen‹, der Formulierung allgemeiner ›Axiome‹ von ›apriorischer‹ Gewissheit, Definitionen (als Erläuterungen zur chemischen Nomenklatur) und der schrittweisen Eingliederung weiterer experimenteller Fakten und ›Beweise‹. Ausgehend vom einfachen ›Prinzip‹ der Ausdehnung aller Körper beim Erwärmen, einer atomistischen Theorie des Aufbaus der Körper sowie der Annahme von zwei Grundkräften (Attraktion und Repulsion) und zwei einfachen, universell verbreiteten und hoch aktiven chemischen Elementen (Wärmestoff und Sauerstoff) versucht Lavoisier, ein deduktives System zunehmender Komplexität zu konstruieren, das die Ordnung aller Stoffe und stofflichen Veränderungen in Natur und Kunst repräsentieren und sie zugleich sprachlich in einer neuen chemischen Nomenklatur zum Ausdruck bringen soll.

Bis 1805 erschienen vier französische Auflagen des *Traité* sowie Übersetzungen ins Englische, Deutsche, Italienische, Spanische und Holländische. Trotz dieser anscheinend großen Resonanz sind Zweifel an der tatsächlichen Wirkung dieser Ikone der Wissenschaftsgeschichte angebracht. Für die in der Wissenschaftsgeschichte häufig anzutreffende Behauptung, Lavoisiers *Traité* sei ein chemisches Lehrbuch mit Vorbildcharakter gewesen, gibt es keine ausreichende Evidenz. Nachfolgende Lehrbücher, für deren Anwendung im Unterricht eindeutige Belege vorliegen, waren anders gegliedert und setzten andere Akzente. Dagegen dürfte der *Traité* in den Kontroversen der ›chemischen Revolution‹ willkommenes Rüstzeug geliefert haben. Als Entwurf eines deduktiven Systems der Chemie ist er jedoch eher Symbol des Scheiterns einer Revolution. URSULA KLEIN

Luigi Galvani

* 9. September 1737 in Bologna (Italien)
† 4. Dezember 1798 in Bologna (Italien)

1759 Abschluss des Medizinstudiums in Bologna, bis an sein Lebensende praktizierender Arzt; 1766 Professor für Anatomie an der Universität Bologna und Demonstrator der Anatomie am Istituto delle Scienze in Bologna; 1782 Professor der Geburtshilfe am Istituto; ab etwa 1780 Beginn der elektrophysiologischen Experimente, Entdeckung der »tierischen Elektrizität«.

Abhandlung über die Kräfte der tierischen Electricität bei der Muskelbewegung / De viribus electricitatis in motu musculari

Zur Vorgeschichte der 1791 publizierten *Abhandlung*: Im Jahre 1780 beobachtete Luigi Galvani rein zufällig, wie ein Froschschenkel auf seinem Labortisch zu zucken begann, während Funken aus einer Elektrisiermaschine gezogen wurden. Diese gern kolportierte Geschichte macht eine wirkungsmächtige Entdeckung erzählbar, ist aber bestenfalls anekdotischer Natur. Denn ob die reizleitende ›Nervenflüssigkeit‹ ein elektrisches Fluidum war, wurde bereits seit 1750 in den Gelehrtenkreisen Europas diskutiert. In Galvanis Forschungskontext, der Universität Bologna und dem angeschlossenen *Istituto delle Scienze*, waren anatomische und physiologische Fragestellungen traditionell eng mit chemischen und physikalischen Überlegungen verknüpft.

In der knappen und sehr nüchtern geschriebenen *Abhandlung* von 1791 kondensierte Galvani seine Forschungen der vorangegangen elf Jahre, in denen er sein »Experimentalsystem«, also präparierte Froschschenkel und Elektrizität, systematisch variierte. Er experimentierte zunächst mit »künstlicher«, dann mit »natürlicher« (also atmosphärischer) Elektrizität (Teil 1 und 2 der *Abhandlung*). Dabei veränderte er die Entfernungen und die Materialien und ersetzte mitunter auch die Froschschenkel durch Gliedmaßen anderer Tiere oder verwendete auch lebende Tiere. So erzielte er immer vielfältigere Effekte; im dritten Teil beschreibt er dann ein völlig neues Phänomen. Die Froschschenkel kontrahierten auch ohne externe Elektrizitätsquelle, wenn sie mit Bögen aus zwei verschiedenen Metallen berührt wurden. Damit zeigte das Gewebe (Nerv und Muskel) nicht mehr bloß die vorhandene Elektrizität an, sondern es wurde zur Quelle der elektrischen Ladung selbst. Galvani konnte sich dies nur mit der Annahme einer »tierischen Elektrizität« erklären, deren Verständnis zur Heilung verschiedenster Krankheiten dienen könnte (Teil 4).

In der berühmten Kontroverse mit Galvani zwischen 1792 und 1797 bestritt Alessandro Volta die Existenz einer »tierischen Elektrizität« und erklärte die Effekte durch den Kontakt zweier unterschiedlicher Metalle. Beide Interpretationen sind letztlich zutreffend und erwiesen sich in der Folge als wirkungsmächtig. 1799 konstruierte Volta ›galvanische Elemente‹, die Urform der Elektrizität spendenden Batterie. Galvanis »tierische Elektrizität« wurde im 19. Jh. von Physiologen wie C. Matteucci, E. du Bois-Reymond und L. Hermann zur Elektro- und Neurophysiologie ausgebaut. Die Idee von der Elektrizität als Lebensprinzip fand auch in der Literatur Niederschlag, am prominentesten in Mary Shelleys *Frankenstein*. OLIVER HOCHADEL

Carl Friedrich Gauß

* 30. April 1777 in Braunschweig (Deutschland)
† 23. Februar 1855 in Göttingen (Deutschland)

Frühe Förderung durch den Herzog von Braunschweig ermöglichte 1792–1795 ein Studium am Collegium Carolinum; ab 1795 Studium in Göttingen, 1799 Promotion in Helmstedt; ab 1807 Professor in Göttingen und Direktor der dortigen Sternwarte; Mathematiker und Astronom; arbeitete aber auch z. B. über Erdmagnetismus und in der Landvermessung.

Arithmetische Untersuchungen / Disquisitiones arithmeticae

Die ebenso originellen wie formvollendeten *Disquisitiones arithmeticae* des 24-jährigen Stipendiaten, die 1801 publiziert wurden, schufen eine neue Art, Zahlentheorie und Algebra zu treiben, die trotz ihres großen Einflusses zu keinem Zeitpunkt genau einer etablierten mathematischen Teildisziplin entsprach. Das Buch wirkte in vielfacher Hinsicht: als Herausforderung, auch die schwierigsten Teile zu verstehen und dabei weiterzuentwickeln, als Quelle neuer Methoden und offener Probleme (Anregungen aus den *Disquisitiones* reichen bis in die neueste Forschung), als Ideal mathematischer Theoriebildung (durch seine langen, bis ins letzte Detail ausgearbeiteten, raffinierten Beweisketten), als mathematischer Orientierungspunkt der Universitätsreform der 1820er und 1830er Jahre (Berlin, Königsberg), und im Rückblick als Symbol des Wiedererwachens der Wissenschaft in Deutschland zu Beginn des 19. Jh.s.

Vor Gauß hatten u. a. P. Fermat, L. Euler und J. L. Lagrange zahlentheoretische Fragen untersucht, z. B. die Darstellbarkeit ganzer Zahlen als gewisse Summen von Quadratzahlen. Die *Disquisitiones* gehen weiter: »alles ist hier neu, bis hin zur Terminologie und Bezeichnung« (J.-B. Delambre an Napoléon 1808). Sie beginnen mit Definition und Notation der »Kongruenz $b \equiv c \pmod{a}$«, die besagt, dass die Differenz $b-c$ durch a teilbar ist. Gauß hob als erster diese Relativierung der Gleichheit $b = c$ begrifflich und notationell heraus. Analog kürzte er in der längsten und schwierigsten Sektion des Werks die »quadratischen Formen« $ax^2 + 2bxy + cy^2$, die vor ihm in Gleichungen mit zwei Unbekannten auftraten, durch »(a,b,c)« ab und entwickelte damit die reiche Struktur – die »Komposition« und »Geschlechtertheorie« – dieser Formen selbst. Die letzte, siebte Sektion der *Disquisitiones* über die Kreisteilung löste auf algebraisch-arithmetischem Wege das seit der Antike offene geometrische Problem, für welche Zahlen n die Teilung des vollen Kreisbogens in n gleiche Teile mit Zirkel und Lineal möglich ist. Die Überraschung, dass dies nicht nur für n = 3,4,5, sondern z. B. auch für n = 17 oder n = 257 geht – nicht hingegen für n = 7,11,13,19,23 u. a. –, sorgte für eine schnelle Rezeption: Ihre Methode erschien als »eine der wichtigsten Erweiterungen der Analysis der neuern Zeit« (G. W. F. Hegel, *Wissenschaft der Logik*, Bd. 2, 1816, 325). Rezipiert wurden die *Disquisitiones arithmeticae* zunächst in Frankreich; die französische Übersetzung durch A.-C.-M. Poullet-Delisle (1807) ersetzte später auch für manchen deutschen Leser die rare lateinische Erstausgabe.

Das pralle Programm der *Disquisitiones* wird nicht nur durch den gleichen konzisen Stil spürbar zusammengehalten, sondern auch architektonisch: z. B. durch wiederkehrende formale Strukturen (heute »zyklische Gruppen« genannt) einerseits, und andererseits durch den »Fundamentalsatz« (heute »Quadratisches Reziprozitätsgesetz«). Dieser wird in der vierten und in der fünften Sektion ganz unterschiedlich bewiesen. Zwei weitere Beweise wären noch hinzugekommen, hätte Gauß wie geplant seine Skizzen zu einem zweiten Band ausgearbeitet und veröffentlicht, insbesondere die Theorie der »höheren Kongruenzen« (heute Algebra der »endlichen Körper«).

D. Hilberts *Theorie der algebraischen Zahlkörper* (1897), ebenfalls ein Meilenstein der modernen Algebra, ließ diese als natürliche Weiterentwicklung der *Disquisitiones* erscheinen. Allerdings sollten durch Hilberts Darstellung andere, von Mathematikern wie C. Hermite, E. Lucas und H. Minkowski repräsentierte Traditionen nicht vergessen werden, die ebenfalls wesentlich auf Gauß' Werk beruhen.

NORBERT SCHAPPACHER

John Dalton

* 6. September 1766 in Eaglesfield (Großbritannien)
† 27. Juli 1844 in Manchester (Großbritannien)

Erziehung in Privatschulen (Quäker); Studien der Mathematik, Meteorologie, Naturphilosophie, Chemie; ab 1794 Mitglied der Manchester Literary and Philosophical Society, ab 1817 deren Präsident; Unterricht u.a. am New College (Manchester) und der Royal Institution (London); ab 1816 Mitglied der Pariser Akademie der Wissenschaften, ab 1822 Mitglied der Royal Society; 1826 Royal Medal als ›Kepler der Chemie‹; Hauptveröffentlichungen: *Meteorological Observations and Essays* (1793), *A New System of Chemical Philosophy* (1808–1827).

Ein neues System des chemischen Theils der Naturwissenschaften / A New System of Chemical Philosophy

Das in drei Teilen 1808, 1810 und 1827 publizierte Werk gilt in der Wissenschaftsgeschichte häufig als Vollendung der ›chemischen Revolution‹, die der modernen, Lavoisier'schen Chemie erst ihre mikrophysikalische Grundlage verlieh. Der erste Teil beschäftigt sich hauptsächlich mit Temperaturmessung, Wärmetheorie, der Theorie der Gasmischung, der Theorie der Lösung von Gasen in Flüssigkeiten sowie der Theorie der Aggregatzustände und -zustandsänderungen. Erst im letzten, nur sechs Seiten umfassenden Kapitel diskutiert Dalton dasjenige, wofür er berühmt wurde, seine chemische Atomtheorie.

Für diese ›chemische‹ Atomtheorie war der chemische Elementbegriff Lavoisiers zentral. Jedes chemische Element besteht demnach aus einer charakteristischen Atomart, so dass sich, ausgehend von Lavoisier, insgesamt mehr als 30 verschiedene Atomarten ergaben. Diese sollten sich auch quantitativ in ihren Atomgrößen und Atomgewichten unterscheiden. Im Unterschied zu den mechanischen Korpuskulartheorien der frühen Neuzeit versuchte Daltons chemische Atomtheorie also gerade nicht, die Vielfalt der stofflichen Welt auf eine einheitliche Materie mit unterschiedlichen mechanischen Eigenschaften ihrer kleinsten Teile zu reduzieren.

Der erste Teil von Daltons *System* enthält bereits alle wichtigen Aspekte seiner Atomtheorie, die dann im zweiten und dritten Teil nur noch hinsichtlich der Synthesen und Analysen einzelner chemischer Verbindungen ausgebaut wird. Wie viele Gelehrte seiner Zeit ging auch Dalton von der Existenz eines imponderablen Wärmestoffs aus, dessen kleinste Partikel sich gegenseitig abstoßen. Durch die Annahme einer wechselseitigen Repulsion der Wärmestoffpartikel konnten verschiedene physikalische Phänomene wie z. B. die Expansion der Körper bei ihrer Erwärmung erklärt werden. Dalton nahm weiterhin an, dass zwischen dem Wärmestoff und allen anderen, gewöhnlichen chemischen Stoffen eine chemische Attraktion bestehe und dass jedes Atom von einer Wärmestoffatmosphäre umgeben sei. Aufgrund ihrer Wärmestoffatmosphäre besäßen alle Atome eine kugelförmige Gestalt und unterschiedliche Atomgrößen. Beide Annahmen ermöglichten eine neue Erklärung der vollständigen Durchmischung verschiedener Gasarten, bereiteten jedoch zahlreiche Schwierigkeiten bei der Erklärung chemischer Verbindungen.

Der zweite und dritte Teil des unvollendeten Werks beschäftigen sich mit chemischen Stoffen im Stil der damaligen chemischen Lehrbücher. Gegliedert nach chemischen Elementen und Klassen chemischer Verbindungen wird jeweils zuerst die experimentelle Gewinnung (»Darstellung«) eines bestimmten Reinstoffs beschrieben, gefolgt von der Beschreibung seiner Eigenschaften und seines Reaktionsverhaltens. Neu sind die Versuche, Atomgewichte sowie die Anzahl der Atome verschiedener Elemente innerhalb der »zusammengesetzten Atome« (später »Molekül«) chemischer Verbindungen zu bestimmen. Für letztere führt Dalton ein eigenes System von ›Zeichen‹ ein, seine bildlichen Atomdiagramme, die sich jedoch gegen die wenig später von J. Berzelius eingeführten chemischen Formeln nicht durchsetzen konnten. Organische Stoffe sind in dem Werk ausgeklammert. Dies erwies sich bereits zum Zeitpunkt des Erscheinens des letzten Bandes des *Systems* als hinderlich für die Rezeption der Dalton'schen Atomtheorie und die Durchsetzung seines Zeichensystems.

Der erste Teil von Daltons *System* war ein durchschlagender Erfolg in England. Dem stand skeptische Zurückhaltung auf dem europäischen Kontinent gegenüber. Insgesamt gab es im 19. Jh. nur zwei englische Auflagen des ersten Teils sowie eine deutsche Übersetzung des ersten und zweiten Teils des Werks. URSULA KLEIN

Jean-Baptiste de Lamarck

* 1. August 1744 in Bazentin-le-Petit/Picardie (Frankreich)
† 28. Dezember 1829 in Paris (Frankreich)

Nach abgebrochener Priesterausbildung und abgebrochener Militärkarriere ab 1766 Medizinstudium in Paris; Bekanntschaft mit führenden Naturalisten im Umkreis des Jardin des Plantes; 1779 erstes naturwissenschaftliches Werk *Flore françois*; 1793 Professur für Zoologie am neuen Musée Nationale d'Histoire Naturelle in Paris; 1793–1802 zahlreiche Veröffentlichungen in Chemie, Geologie, Meteorologie und Physiologie; 1809 *Philosophie zoologique*; 1815–1822 das zoologische Hauptwerk *Histoire naturelle des animaux sans vertèbres*.

Zoologische Philosophie / Philosophie zoologique, ou exposition des considérations relatives à l'histoire naturelle des animaux

In dem 1809 erschienenen Werk wird eine allgemeine Theorie tierischer Organismen entwickelt. Die *Philosophie zoologique* ist in drei Teile gegliedert. Teil 1 behandelt die Grundlagen einer ›natürlichen‹ Klassifikation des Tierreichs und entwickelt in diesem Zusammenhang eine genetische Erklärung der animalischen Formenvielfalt. Teil 2 enthält eine Physiologie des tierischen Organismus und Teil 3 eine physiologische Theorie der psychischen Funktionen – Empfindung, Gefühl, Wille, Verstand. Das Werk wäre zweifellos längst vergessen, zumal die dargelegte Physiologie in ihrem mechanistischen Charakter eher dem 18. als dem 19. Jh. angehört, wäre da nicht der Versuch einer genetischen Erklärung der Artenvielfalt, Lamarcks Theorie der Arttransformation.

Nach dieser Theorie führen dieselben physiologischen Prozesse, denen ein Organismus seine Individualentwicklung (Ontogenese) verdankt, im Laufe der Zeit auch zu einer Höherentwicklung der Art selbst (Phylogenese). Lamarck führt diese Entwicklung der Art also nicht auf Anpassungen an veränderte Umweltbedingungen zurück, sondern versteht sie als ebenso intern in den physiologischen Prozessen des Organismus bestimmt wie die Ontogenese. Die verschiedenen Tierklassen der Gegenwart stellen für ihn entsprechend verschiedene Entwicklungsstadien des tierischen Organismus dar, der durch Urzeugung in einfachster Form entsteht und auf parallelen Entwicklungsbahnen seine Höherentwicklung durchläuft. Zwischen ihnen besteht kein Abstammungszusammenhang. Anpassungen an veränderte Umweltbedingungen, die man heute zuerst mit Lamarcks Theorie verbindet, stellten für ihn nur einen hinzukommenden Faktor dar, der die Ausdifferenzierung der Tierklassen in Gattungen und Arten zu erklären gestattet.

Für die Ausbildung dieser Arttransformationstheorie spielten verschiedene Gedankenkreise zusammen. Lamarck wurde von seinen Zeitgenossen vor allem als herausragender Systematiker angesehen, und seine Klassifikation der Klassen der wirbellosen Tiere stellt in der Tat einen Meilenstein in der Geschichte der Zoologie dar. Dazu gehört insbesondere die Überzeugung, dass im Tier- und im Pflanzenreich die natürliche Distribution darin bestehe, die Klassen linear

nach Komplexität anzuordnen, und weiterhin die Annahme, dass die scharfen Trennlinien zwischen den Arten ein Artefakt unserer Klassifikation sind. Entscheidend war ferner die Entwicklung seiner physiologischen Auffassungen, insbesondere die Ersetzung einer anfänglichen vitalistischen Physiologie durch eine mechanistische, die ihm die Urzeugung denkbar machte und eine epigenetische Theorie der Ontogenese beinhaltete, die nahtlos in eine Transformationstheorie der Arten überging. Schließlich gilt es zu berücksichtigen, dass die *Philosophie zoologique* als krönender Schlussstein seines Projektes einer »Physique terrestre« gedacht war, in der er eine kohärente Theorie aller Naturprozesse der Erde – geologischer, meteorologischer und biologischer – darlegen wollte. Durch die Arttransformationstheorie versprach die »Physique terrestre« zu einer Gesamttheorie der Erde zu werden, die eine Erklärung der Vielfalt der Lebensformen einschloss.

Lamarcks Theorie fand so gut wie keinen Anklang unter seinen Fachkollegen. Dabei spielten zweifellos auch ideologische Gründe eine Rolle. Das Projekt der »Physique terrestre« hatte zu große Familienähnlichkeit mit den materialistischen Spekulationen des 18. Jh.s, um in der Napoleonischen Restaurationsperiode eine sympathische Aufnahme zu finden. Mindestens genauso entscheidend war jedoch, dass den Zeitgenossen derartige Spekulationen schlicht als wissenschaftlich unseriös erschienen. Niemand hat die *Philosophie zoologique* damals einer ernsthaften Fachkritik unterzogen. Obwohl Lamarcks Arttransformationstheorie für evolutionistische Spekulationen im 19. Jh. oftmals herangezogen wurde, spielte sie in der Entwicklung der Biologie lange Zeit keine Rolle. Diese Situation änderte sich erst mit dem anfänglichen Siegeszug der Deszendenztheorie Charles Darwins im letzten Drittel des 19. Jh.s. Lamarcks Arttransformationstheorie erregte nun als vermeintliche Vorläufertheorie Interesse. Obgleich damals eine Neuauflage der *Philosophie zoologique* (1873 durch Charles Martin) und in Deutschland eine vollständige Übersetzung (1876 durch Arnold Lang) erschienen, wurde Lamarcks Theorie nicht wirklich zur Kenntnis genommen. Vielmehr diente sie als Projektionsfläche für ›Verbesserungen‹ des Darwinismus. Überhaupt hatte der damals entstehende ›Lamarckismus‹ wenig mit der Theorie des historischen Lamarck zu tun. Er ist vielmehr im Kontext jener Probleme zu sehen, die Darwins Theorie den Fachbiologen nicht weniger bereitete als dem breiten Publikum. WOLFGANG LEFÈVRE

Pierre Simon Marquis de Laplace

* 28. März 1749 in Beaumont-en-Auge/Calvados (Frankreich)
† 5. März 1827 in Paris (Frankreich)

Ab 1766 Studium der Theologie und Philosophie in Caen; Entdeckung der mathematischen Begabung; 1768 Umzug nach Paris, um bei d' Alembert zu studieren; Arbeit als Mathematiklehrer; zahlreiche Abhandlungen; Professor und 1785 Mitglied der Pariser Akademie der Wissenschaften und der Kommission für Maße und Gewichte; 1792–1794 Flucht vor der Jakobinischen Terrorherrschaft; 1805 Durchsetzung des Gregorianischen Kalenders; herausragende Leistungen auf den Gebieten Mathematik, Astronomie und Physik; hatte mehrere politische Ämter inne.

Philosophischer Versuch über die Wahrscheinlichkeiten / Essai philosophique sur les probabilités

Die philosophisch-mathematische Schrift erschien 1814 als Einführung für die zweite Auflage von Laplace' Klassiker der Wahrscheinlichkeitstheorie (*Théorie analytique des probabilités*) und gleichzeitig als selbständiges Werk. Sie stellt die Ausarbeitung des zehnten und letzten Vortrags im Rahmen einer 1795 an der École Normale gehaltenen Vorlesung über elementare Mathematik, das metrische System und die Wahrscheinlichkeitsrechnung dar. Da Laplace im *Essai philosophique* auch die Leistungsfähigkeit der Theorie der erzeugenden Funktionen, die den ersten Teil der aus zwei Teilen bestehenden *Théorie analytique* ausmacht, zeigen wollte, wirkt sich hier der für ein Werk der ›haute vulgarisation‹ typische Verzicht auf die Verwendung mathematischer Symbolik zum Teil für das Verständnis erschwerend aus. Trotz dieser Schwäche trug der *Essai* in den fünf zu Lebzeiten von Laplace erschienenen Auflagen dazu bei, ein größeres Publikum in das Fach einzuführen, dem er damit die Grundlagen und die Anwendungsmöglichkeiten der Wahrscheinlichkeitsrechnung nahezubringen verstand.

Laplace beginnt den *Essai* mit einem Abschnitt über sein deterministisches Weltbild, das begründet auf das Leibniz'sche ›Prinzip vom zureichenden Grunde‹ letztlich den freien Willen des Menschen leugnet, ohne auf die in der Philosophie und Theologie diskutierten ethischen Konsequenzen einzugehen. Laplace illustriert seinen Determinismus durch eine fiktive Intelligenz, den sogenannten Laplace'schen Dämon, der als Überrest eines Schöpfergottes in der Welt eines aufgeklärten Atheisten anzusehen ist. Diese fiktive Intelligenz kann allein aufgrund der Kenntnis sämtlicher den Zustand des Kosmos zu einem bestimmten Zeitpunkt beschreibenden Parameter den Zustand der Welt zu jedem anderen Zeitpunkt – auch in der Zukunft – angeben. Die völlige kausale Bestimmtheit aller Zustände des Kosmos gilt dabei nicht nur für die in der Mechanik und Astronomie erfassbaren makroskopischen Ereignisse, sondern in gleicher Weise für die der damaligen naturwissenschaftlichen Forschung noch völlig unzugänglichen Bereiche des Mikrokosmos. Das Wissen und Einsichtsvermögen des Laplace'schen Dämons ist als eine Grenze anzusehen, der sich menschliche Erkenntnis nur asymptotisch anzunähern vermag. Während man in Mechanik und Astronomie diesem Idealzustand schon sehr viel nähergekommen ist, fehlen auf fast allen anderen Gebieten befriedigende Kenntnisse über die sie determinierenden kausalen Zusammenhänge. Überall dort, wo der menschliche Informationsstand nicht ausreicht, um exakte Aussagen machen zu können, springt die Wahrscheinlichkeitstheorie ein, die in Beziehung steht »zum Teil zu dieser Unwissenheit, zum Teil zu unseren Kenntnissen«. So kann trotz Laplace' Überzeugung, dass die »von einem einfachen Luft- oder Gasmolekül beschriebene Kurve in ebenso sicherer Weise geregelt ist wie die Planetenbahnen«, aufgrund unserer zumindest vorläufigen Unkenntnis darüber die Physik der Gase zunächst nur mit den Mitteln der Wahrscheinlichkeitsrechnung behandelt werden.

Der dem Laplace'schen Determinismus zugrunde liegende Wahrscheinlichkeitsbegriff ist subjektiv, das heißt vom Informationsstand des menschlichen Subjekts abhängig. Da aber Laplace das Wissen und die Verstandestätigkeit des Menschen als objektivierbar ansieht, was er auch durch einen großen an der Assoziationspsychologie der Zeit orientierten Abschnitt über Täuschungen und die Wirkung des Gedächtnisses dokumentiert, lässt er bei der Bestimmung der mathematischen Wahrscheinlichkeiten keinen Ermessensspielraum;

sein Wahrscheinlichkeitsbegriff steht in einer gewissen Beziehung zu der sogenannten ›logischen Wahrscheinlichkeit‹. Ausgehend von einer Grundmenge atomarer Ereignisse – bei einem Spielwürfel sind dies die sechs Seiten oder Augenzahlen –, über deren Eintreten »wir in gleicher Weise unschlüssig sind«, definiert Laplace als Maß der Wahrscheinlichkeit eines Ereignisses, etwa einer durch drei teilbaren Augenzahl beim Wurf eines Würfels, das Verhältnis der Anzahl der für dieses Ereignis günstigen atomaren Ereignisse zur Anzahl aller atomaren Ereignisse der Grundmenge, also hier von zwei, der Anzahl der günstigen atomaren Ereignisse drei und sechs, zu sechs, der Anzahl aller möglichen atomaren Ereignisse.

Als Modell für seinen in der Folgezeit kontrovers diskutierten Wahrscheinlichkeitsbegriff verwendete Laplace eine mit schwarzen und weißen Kugeln gefüllte Urne, bei der durch wiederholtes blindes Ziehen einer Kugel mit Zurücklegen das gegebene, aber unbekannte Verhältnis von schwarzen zu weißen Kugeln ermittelt werden soll. Variable Ursachen, die bei Laplace den umgangssprachlichen Zufall ersetzen, sind dafür verantwortlich, dass bei wenigen Ziehungen das gefundene Verhältnis vom tatsächlichen mehr oder minder abweicht. Durch die Wahrscheinlichkeitsrechnung glaubte Laplace beweisen zu können, dass sich die Wirkungen der variablen Ursachen bei großen Wiederholungszahlen weitgehend kompensieren und somit, »daß die Beziehungen zwischen den Wirkungen der Natur sehr nahe konstant sind, wenn diese Wirkungen in großer Zahl betrachtet werden«. Laplace erschien es deshalb gerechtfertigt, den Anwendungsbereich der Wahrscheinlichkeitsrechnung, die für ihn »im Grunde nur der der Berechnung unterworfene Menschenverstand« ist, über Glücksspiele, Lotterien, die Fehlerrechnung in Astronomie, Geodäsie und Physik, die Bevölkerungsstatistik, das Versicherungswesen hinaus auf politische und juristische Entscheidungen und auf die Geschichte auszudehnen, für die er ihren Ablauf bestimmende Gesetze finden wollte.

Laplace' *Essai* ist von Zeitgenossen und nachfolgenden Generationen als verlockendes Angebot und gleichzeitig als völlig überzogener Anspruch verstanden worden. Interesse und Kritik am *Essai* haben sich vor allem in der philosophischen Literatur des 19. Jh.s niedergeschlagen. IVO SCHNEIDER

Johannes Peter Müller

* 14. Juli 1801 in Koblenz (Deutschland)
† 28. April 1858 in Berlin (Deutschland)

Studium in Bonn und Berlin; ab 1826 Professor in Bonn, 1833–1856 Professor für Anatomie und Physiologie in Berlin; einer der bedeutendsten deutschen Physiologen des 19. Jh.s; innovative Forschungen vor allem auf den Gebieten der Neuro- und Sinnesphysiologie, Embryologie und Pathologie sowie der Morphologie der Seetiere; begründete in seinem Berliner Institut eine Schule, die mit Theodor Schwann, Jakob Henle, Ernst Haeckel, Emil du Bois-Reymond und Hermann von Helmholtz einige der Hauptvertreter der Biologie und der wissenschaftlichen Medizin der zweiten Hälfte des 19. Jh.s hervorbrachte.

Über die phantastischen Gesichtserscheinungen. Eine physiologische Untersuchung mit einer physiologischen Urkunde des Aristoteles über den Traum

In seiner *Farbenlehre* hat Goethe den subjektiven Phänomenen des Sehens große Aufmerksamkeit geschenkt, weil er sich davon ein Gegengewicht zu einer rein optischen Betrachtung des Sehvorgangs versprach, wie er sie Newton und seinen Anhängern vorwarf. Ohne Goethes polemische Absichten zu teilen, befassten sich im frühen 19. Jh. etliche Naturforscher wie Johannes Müller, Jan Purkyne, Franz Gruithuisen oder C. T. Tourtual mit der subjektiven Sinnesphysiologie, und zwar zum einen, weil sie darin eine Ergänzung der Newton'schen Optik sahen, und zum anderen, weil sie hofften, hier einen Schlüssel für das Verhältnis von Geist und Körper zu finden. Müllers Schrift von 1826 ist als Höhepunkt dieser Entwicklung anzusehen, da er sich nicht auf eine Beschreibung und Erklärung der phantastischen Gesichtserscheinungen beschränkt, sondern sich ebenso um eine wissenschaftliche Begründung der Sinnesphysiologie bemüht.

Eine ausführliche »Theorie der phantastischen Gesichtserscheinungen« bildet das erste Kapitel, in dem Müller das sogenannte Gesetz der spezifischen Sinnesenergien entwickelt, das zu den wichtigsten, bis auf den heutigen Tag bekannten und zitierten physiologischen Gesetzen gehört. Es besagt, dass jedes Sinnessystem eine spezifische Energie oder Lebensform hat, die unabhängig vom Reiz nur die ihm zukommende Qualität (Licht, Geräusch, Geruch usw.) verarbeiten kann. Das heißt, dass derselbe Reiz zu ganz unterschiedlichen Wahrnehmungen führt, je nachdem, auf welches Sinnessystem er trifft. Eine Gesichtserscheinung kann durch äußere (z. B. Licht, mechanischen Druck, Elektrizität) oder innere, organische Reize (z. B. Fieber oder Durchblutungsstörungen) sowie durch gesteigerte Vorstellung oder Einbildungskraft ausgelöst werden. Auf der Grundlage dieses Gesetzes erklärt Müller im Prinzip sämtliche subjektiven visuellen Erscheinungen von der einfachen Gesichtstäuschung bis hin zu Halluzinationen und Träumen als ein und dasselbe Phänomen, denn die spezifische Energie der inneren Sehsinnsubstanz (also des Gehirns) sei so beschaffen, dass sie auf die genannten Auslöser mit der Wahrnehmung von Licht, Farbe und Dunkelheit reagiere.

Der Beschreibung dieser mannigfaltigen Zustände ist der zweite Teil des Buchs gewidmet, der auch die damals viel diskutierten Phänomene wie Hellsehen, Geistersehen und religiöse Visionen in die sinnesphysiologische Theorie integriert. Dabei bleibt Müller jedoch nicht stehen. Bei seiner Interpretation der analysierten Phänomene postuliert er, dass durch die Leitung der Vernunft jene »Herrlichkeit und Gewalt der innern Sinnlichkeit« in eine Bahn gelenkt wird, die zur Bildung und schließlich Selbstvervollkommnung des Menschen beiträgt, wobei ihm Künstler und Naturforscher als Vorbilder gelten, weil bei ihnen die gleichzeitige Steigerung von Phantasie und Verstand eine perfekte harmonische Lebensbewegung ergibt. Im Sinne des romantischen Geniebegriffs argumentiert Müller, dass die durch die Idee bestimmte Phantasie nach denselben Gesetzen verfährt wie der Naturprozess selbst. Auch die »künstlerische Phantasie« und der »anschauende Sinn des Naturforschers« stellen nichts anderes dar als eine Imitation der »Metamorphose der Formen« in der Natur.

Die Untersuchung der subjektiven Gesichtserscheinungen und ihres Nutzens bildet für Müller somit einerseits einen Schauplatz, auf dem der Mensch sich über sich selbst aufklärt. Insofern ist die Müller'sche Sinnesphysiologie Teil jenes bürgerlichen Selbsterfahrungsdiskurses, bei dem Bildung und Deutung der inneren Seelenzustände mitsamt ihren pathologischen Veränderungen Hand in Hand gehen. Andererseits handelt es sich um eine Physiologie, die in ihren letzten Resultaten psychologisch ist, weil die Seele nach Müllers naturphilosophischer Vorstellung selbst nur eine Erscheinungsform des Lebens darstellt. Physiologie ist die Wissenschaft vom »Leben des Organismus«, und in der subjektiven Sinnesphysiologie konnte Müller das einlösen, was er in seiner berühmt gewordenen Rede »Von dem Bedürfnis der Physiologie nach einer philosophischen Naturbetrachtung« 1824 programmatisch als »denkende Erfahrung« formuliert hatte. Daher war die subjektive Sinnesphysiologie der erste Bereich, in dem sich die Physiologie als eigenständige Wissenschaft behaupten konnte. Mit der Gründung seiner Schule, der etwa Helmholtz, du Bois-Reymond, Haeckel und Brücke angehörten, wurde Müller zu einem der bedeutendsten Physiologen des 19. Jh.s. Seine Untersuchung der phantastischen Gesichtserscheinungen wurde ebenso wie das Gesetz der spezifischen Sinnesenergien zum Vorbild für eine Physiologie, die sich ab der Jahrhundertmitte zum Kernstück der neuen, wissenschaftlichen Medizin entwickeln sollte. Darüber hinaus trugen Müllers Arbeiten entscheidend dazu bei, dass die Camera obscura nicht mehr als entscheidendes Referenzmodell für den Sehvorgang galt. Seitdem wurde Wahrnehmung als subjektives Phänomen aufgefasst, was für die Erkenntnistheorie ebenso wie für die Betrachtung der modernen Kunst von entscheidender Bedeutung war. MICHAEL HAGNER

Karl Ernst von Baer

* 28. oder 29. Februar 1792 in Piep (Piibe, Estland)
† 28. November 1876 in Dorpat (Tartu, Estland)

1810–1814 Medizinstudium, Universität Dorpat; 1814–1817 Lehrjahre in Wien, Würzburg, Berlin; 1817 Prosektor (Vorschneider) der Anatomie, 1819 außerordentliche und 1822 ordentliche Professur der Zoologie an der Universität Königsberg; Begründer und Direktor des Zoologischen Museums (Eröffnung 1821); 1834 ordentliches Mitglied der Akademie der Wissenschaften St. Petersburg; 1841–1852 Professur in vergleichender Anatomie und Physiologie, Medizinisch-Chirurgische Akademie, St. Petersburg.

Über Entwickelungsgeschichte der Thiere. Beobachtung und Reflexion. Teil 1–3

In dem 1828, 1837 und 1888 erschienenen dreiteiligen Hauptwerk zur Geschichte der Embryologie trug von Baer das vorhandene Wissen zur Entwicklung der Wirbeltiere zusammen. Seine eigene Forschung hatte die Bedeutung der Keimblätter (später Ektoderm, Entoderm, Mesoderm) in der Herausbildung von Geweben und Organen bestätigt. Er identifizierte die Neuralfalten als Vorläufer des Nervensystems, beschrieb die fünf primären Gehirnvesikel und studierte die Funktion der extraembryonalen Membranen. Er entdeckte die ›chorda dorsalis‹ und die vorübergehende Anlage von Kiemenspalten und beschrieb diese als charakteristisch für die Entwicklung der Wirbeltiere. Von Baers Entdeckung des Säuger-Eis im Mutterleib bewies, dass sich auch Säugetiere aus Eiern entwickeln. Sein Verständnis der Embryogenese bedeutete das Ende der Präformationstheorie, nach der die für eine Tierart charakteristische Organisation von Anfang an vorhanden sei und es sich also bei der Ontogenese nicht um eine Entwicklung, sondern lediglich um ein Wachstum handelte.

Von Baer beschrieb die Entwicklung der Keimblätter, die die Grundorganisation des Organismus bestimmen, aus dem befruchteten Ei, das die Wesenheit (auch: die Idee oder das Schema) des jeweiligen Tiers enthält. Nun differenzieren sich in den Keimblättern Gewebetypen, die schließlich in die morphologische Gestaltnahme übergehen. Im Verlaufe der Embryogenese werden sich zuerst die Eigenschaften des Typus (Gliedertiere, Strahlentiere, Mollusken, Wirbeltiere), dann die Eigenschaften der Bildungsstufen (Klasse, Ordnung, Familie, Gattung, Art) und schließlich jene des Individuums ausbilden. So verläuft die Hühnerentwicklung von der generellen ersten Periode zum Wirbeltiertyp, zum Vogel, zum Landvogel und schließlich zum Huhn.

Von Baers vergleichende Untersuchungen der Wirbeltierembryogenese führte dazu, dass er die weit verbreitete Vorstellung zurückwies, der Embryo einer bestimmten Spezies durchlaufe in seiner Ontogenese Stadien, die den ausgewachsenen Formen niedrigerer Arten entsprechen. Auch stellte er sich gegen die damit verbundene Idee, das Naturreich sei in einer linearen Hierarchie von der Monade zum Menschen geordnet (Stufenleiter). Demgegenüber stellte er fest, dass Embryonen einer Art den Embryonen anderer Arten, nicht aber den Erwachsenen glichen. Je jünger der Embryo, desto größer die Ähnlichkeit zu Embryonen anderer Arten. Diese Beobachtungen entsprachen von Baers Prinzip, dass die Embryonalentwicklung vom Ei zum Neugeborenen eine zunehmend differenzierende ist. Die Entwicklung führt vom homogenen Allgemeinen zum heterogenen Besonderen und vom Einfachen zum Komplexen.

Die vier Haupttypen des Tierreichs ließen sich also nach von Baer nicht voneinander herleiten, sondern stellen, wie bei G. Cuvier, Verzweigungen (›embranchements‹) des Systems dar. Die vergleichende Embryologie eignete sich zur Taxonomie der Organismen, da sie den Vergleich von adulter Morphologie und Funktion der Körperorgane auf deren Ursprung und Entwicklung ausweitete. Aufgrund der zunehmenden Ausdifferenzierung in der Ontogenese resultierte ein solcher Vergleich in einem verästelten und nicht in einem linearen System. Obwohl von Baer kein starker Befürworter der Transformation der Arten war, zogen Charles Darwin und Ernst Haeckel aus dieser Einsicht eine dreifache Parallele von baumartiger Differenzierung zwischen vergleichender Embryogenese, vergleichender Phylogenese und Systematik. MARIANNE SOMMER

Charles Lyell

* 14. November 1797 in Kinnordy/Forfarshire, Schottland (Großbritannien)
† 22. Februar 1875 in London (Großbritannien)

1816 Exeter College, Oxford; 1817–1818 Mineralogie- und Geologie-Vorlesungen bei William Buckland; 1819 Jura-Studium in Oxford und London; 1823 Geologie- und Mineralogievorlesungen in Paris, Bekanntschaft mit Alexandre Brongniart, George Cuvier, Constant Prévost und Alexander von Humboldt; 1825–1827 Rechtsanwaltspraxis in London und geologische Studien; 1831 Professur für Geologie, King's College; 1834–1836 und 1849 Präsident der Geologischen Gesellschaft; 1848 zum Ritter geschlagen.

Geologie oder Entwickelungsgeschichte der Erde und ihrer Bewohner / Principles of Geology. Being an Attempt to Explain the Former Changes of the Earth's Surface, by Reference to Causes Now in Operation

In diesem 1830 bis 1833 erschienenen dreibändigen Werk erklärt der Naturforscher seine Aktualitätstheorie, die besagt, dass sich die geologischen Kräfte der Erdgeschichte weder in ihrer Art noch in ihrem Ausmaß von den heute aktiven unterschieden. Es handelte sich also bei den die Erdkruste formenden Prozessen um alltägliche wie Erosion der Gesteine durch Wind und Wetter, Aufschütten und Abtragen von Erhebungen der Erdkruste durch Wasser, Vulkanausbrüche und Erdbeben. Da diese für ihre Wirkung lange Zeit benötigen, geht Lyell entgegen der biblischen Chronologie von einer unmessbar langen Erdgeschichte aus. Seine Beobachtungen an stillen und aktiven Vulkanen hatten die gewaltige Kraft natürlicher Ursachen in der Gestaltung der Erdkruste und die damit einhergehenden enormen Zeitspannen bestätigt. Das Werk war wegweisend für die Weiterentwicklung der Geologie und wurde bereits zu Lyells Lebzeiten in zwölf Auflagen gedruckt.

Lyells Uniformitarismus hatte in J. Huttons *Theory of the Earth* (1795) einen Vorläufer und war gegen die damals vorherrschende Katastrophentheorie gerichtet, die von außerordentlichen geologischen Kräften oder Revolutionen in der Erdgeschichte ausging. Lyell hatte diese noch von seinen Lehrern W. Buckland und G. Cuvier vermittelt bekommen. Nun rechnete er im ersten Buch der *Principles* (1830) mit dieser nach seiner Meinung auf nicht überprüfbare Ursachen gestützten Irrmeinung ab. Lyell stieß sich insbesondere an jener britischen Ausprägung der Katastrophentheorie, die die Geologie mit der *Bibel* zu verbinden suchte.

Seine Behauptung, dass gegenwärtig beobachtbare Ursachen ausreichen würden, um alle geologischen Formationen zu erklären, zwang Lyell jedoch anzunehmen, dass die Erde bereits in den frühesten Perioden der Erdgeschichte der heutigen recht ähnlich war. Die destruktive Kraft der Erosion hielt der Ablagerung, die Absenkung der Aufwerfung von Landmassen und Bergen durch Erdbeben und Vulkane genau die Waage. Die Erde erscheint als eine Art Perpetuum mobile, das in sich stetig wiederholenden Zyklen begriffen ist. Diese zyklische Vorstellung von geologischer Zeit unterschied sich ebenfalls von jener der Katastrophentheorie, in welcher sich die Zeit in einer linearen Abfolge von einzigartigen Ereignissen manifestierte.

Im zweiten Band (1832) führt Lyell die Argumente des ersten unter Berücksichtigung der organischen Welt weiter und geht im dritten (1833) schließlich auf das Tertiär ein, für welches er die heute noch geläufigen Epochen Eozän, Miozän und Pliozän einführte. Entsprechend seiner Vorstellung der Erdgeschichte als eines ›steady state‹ verneinte er die damals geläufige Überzeugung einer progressiven Entwicklung der Organismen durch die Erdgeschichte und damit der Fossilien in der Abfolge geologischer Schichten. Diese scheinbare Zunahme an Komplexität in den Lebewesen sei lediglich das Resultat der unvollständigen Überlieferung. Lyell erklärte den Wechsel von wärmeren und kälteren Klimata in der Erdgeschichte durch eine Veränderung in der Land-Wasser-Verteilung. Damit widersprach er der Vorstellung, dass die Erde, einst eine glühende Masse, im Verlaufe der Erdgeschichte langsam abkühlte.

Obwohl Lyells Bild einer graduell und über unendlich lange Zeitabschnitte verändernden Welt gut mit der Theorie der Transformation der Organismen vereinbar ist, war er ein Gegner der Transformation der Arten nach Jean-Baptiste Lamarck. Insbesondere scheint

Lyell wie die ›Katastrophisten‹ befürchtet zu haben, dass die Transformationstheorie eine Gefahr für die außerordentliche Stellung des Menschen in der Natur darstellen könnte. Für Lyell war mit dem Auftauchen des Menschen auf der Erde eine Zäsur einhergegangen – ein offensichtlicher Bruch in der Argumentation seines Uniformitarismus. Er erklärte die Anpassung der Organismen an eine sich stetig verändernde Umwelt durch Aussterben von Arten und dem noch unerklärlichen Entstehen von besser an die neuen Bedingungen angepassten. Erst in die zehnte Auflage (1866) seines Werks arbeitete Lyell Darwins *Origin of Species* ein.

Trotz der ›Ahistorizität‹ von Lyells Uniformitarismus hatte sein Werk großen Einfluss auf Darwin, der die *Principles* während der ›Beagle‹-Reise las – was in Kombination mit seinen geologischen Studien zur Abkehr von der Katastrophentheorie und hin zur Uniformitätslehre führte. In der Interpretation seiner Naturbeobachtungen weitete Darwin zudem das Uniformitätsprinzip auf die Tier- und Pflanzenwelt aus. Allgemein setzte sich die Aktualitätstheorie gegenüber der Katastrophentheorie unter britischen Geologen bereits in den 1830er Jahren weitgehend durch. MARIANNE SOMMER

Theodor Ambrose Hubert Schwann

* 7. Dezember 1810 in Neuss am Rhein (Deutschland)
† 11. Januar 1882 in Köln (Deutschland)

Ab 1826 Studium am Jesuitenkolleg Köln; 1829–1834 medizinische Studien an den Universitäten Bonn, Würzburg und Berlin; 1835–1838 Assistent des Anatomen und Physiologen Johannes Müller in Berlin; zentrale wissenschaftliche Arbeiten zur Anatomie und Physiologie; 1839 Berufung an die Katholische Universität Louvain, Belgien; 1849–1879 Professor der Anatomie an der Universität Liège; Verfasser metaphysisch-religiöser Schriften.

Mikroskopische Untersuchungen über die Übereinstimmung in der Struktur und dem Wachstume der Tiere und Pflanzen

Die 1839 erschienenen Untersuchungen gelten als Meilenstein in der Entwicklung der Zelltheorie. Das zentrale Anliegen des Buches ist es, den engen Zusammenhang des Pflanzen- und Tierreichs aus der Gleichheit der pflanzlichen und tierischen Elementarteile und der Identität ihrer Bildungsgesetze nachzuweisen.

In der Einleitung rühmt Schwann den Botaniker Matthias Jakob Schleiden, der zeigte, dass Pflanzengewebe aus Zellen besteht, und den Bildungsprozess der Pflanzenzelle erklärte. Schwann sucht Bau und Entwicklung tierischen Gewebes gleichermaßen zu erhellen. Im ersten Teil seines Werks vergleicht er die Struktur und Entwicklung der Knorpelzelle und der Zellen der Chorda dorsalis (Skelettstab) der Froschlarven und Fische mit denen der Pflanzenzelle. Der zweite und längste Teil der Abhandlung erweitert den Kreis der Beobachtungen systematisch auf die übrigen Arten tierischer Gewebe, wie etwa Blutkörperchen, Federn, Muskeln und Nerven. Bereits zu Beginn dieses Teils nennt Schwann seine wichtigsten Befunde: Tiere bestehen wie Pflanzen aus Zellen, die überall demselben Entwicklungsprinzip folgen. Alle Zellen gehen aus einer amorphen Substanz, dem Cytoblastem, hervor und wachsen ähnlich wie ein Kristall.

Der dritte Teil entwickelt die Zelltheorie. Der »Überblick über das Zellenleben« beschreibt zusammenfassend, wie aus dem Cytoblastem zunächst ein Kern, dann um diesen herum die Zelle entsteht, die sich wiederum zu verschiedenen Geweben ausbildet. Darauf folgt die eigentliche »Theorie der Zellen«, die metaphysische Theorie des »Grundes« der beschriebenen Erscheinungen. Schwann betont den hypothetischen Charakter seiner Theorie, spricht sich aber zugleich entschieden gegen teleologische Erklärungen organischen Lebens aus. Die Entstehung eines Organismus lässt sich durch die »blinden Gesetze der Notwendigkeit«, die durch die Existenz der Materie gegeben sind, erklären, d.h. ohne Rückgriff auf Naturzwecke. Schwann zufolge können die plastischen und metabolischen Erscheinungen in der Zelle auf »Grundkräfte« zurückgeführt werden, die jede Zelle besitzt: Sowohl die Zusammenfügung der Moleküle zu einer Zelle als auch die chemische Umwandlung von Substanzen bei der Zellentwicklung werden von physikalisch-chemischen Naturkräften bewirkt. Schwann veranschaulicht beide Prozesse durch Vergleich mit der Kristallbildung, sagt aber explizit, dass diese allenfalls ein »nächstes Analogon« organischer Prozesse sei. Er beschließt seine theoretischen Spekulationen mit dem erneuten Hinweis, dass Analogien lediglich als forschungsleitende Annahmen dienen, nach denen man planmäßig neue Versuche anstellen könne; nur so seien letztlich theoretische Vorstellungen über die Natur zu erhärten.

Schwanns Werk wurde gelegentlich diskreditiert, weil seine Theorie der Zellbildung aus dem Cytoblastem keinen Bestand hatte. Mitte des 19. Jh.s zeigten Robert Remak und Rudolf Virchow, dass Zellen nicht aus einer amorphen Masse, sondern aus Zellen entstehen. Auf Schwanns Zeitgenossen hatten die *Mikroskopischen Untersuchungen* jedoch – nicht zuletzt wegen des klaren Bekenntnisses zum Physikalismus – einen großen Einfluss. JUTTA SCHICKORE

Justus Liebig

* 12. Mai 1803 in Darmstadt (Deutschland)
† 18. April 1873 in München (Deutschland)

1825–1851 Professor der Chemie an der Universität Gießen, danach Universität München; berühmtes Lehr- und Forschungslaboratorium in Gießen; internationale wissenschaftliche Reputation durch organisch-chemische Analysen sowie Veröffentlichungen zur Agrikulturchemie und Physiologie, darunter *Die organische Chemie in ihrer Anwendung auf Agricultur und Physiologie* (1840), *Die organische Chemie in ihrer Anwendung auf Physiologie und Pathologie* (1842), *Chemische Briefe* (1844).

Die organische Chemie in ihrer Anwendung auf Physiologie und Pathologie

Das 1842 publizierte Werk gilt in der Wissenschaftsgeschichte als bahnbrechende Veröffentlichung, mit der die moderne, chemisch fundierte Stoffwechselphysiologie etabliert wurde. Im ersten Teil erläutert Liebig die Hauptaufgaben und Grundideen seiner chemischen Stoffwechselphysiologie, die dann im zweiten und dritten Teil detailliert ausgebaut werden.

Liebigs *Organische Chemie* knüpft in vielfacher Hinsicht an die *Tierchemie* seines Mentors und väterlichen Freunds J. J. Berzelius an, dem das Werk auch gewidmet ist. Als Berzelius 1806 mit der Publikation seiner *Tierchemie* eine neuartige ›wissenschaftliche‹ Tierphysiologie begründen wollte, hob er die besondere Rolle der im Nervensystem residierenden Lebenskraft und die Notwendigkeit einer engen Verknüpfung anatomischen, neurologischen und chemisch-stofflichen Wissens hervor. Im Brennpunkt von Berzelius' Physiologie stand die Frage, wie aus dem leblosen, unorganisierten Nahrungsmaterial unter der Ägide des Nervensystems und der Lebenskraft belebte und organisierte Körperteile und Organe hervorgingen.

Liebig übernimmt zwar das Konzept der Lebenskraft, spitzt jedoch seine Fragen auf Stoffe und die Veränderung stofflicher Zusammensetzungen im Tierkörper zu. Organe und Lebenskraft fungieren bei ihm nur noch als Randbedingungen chemischer Stoffumwandlungen, die Behandlung der Anatomie und Neurologie wird überflüssig. Organe, Ernährung und Respiration stehen in einem genuin stofflichen Zusammenhang, der durch die chemische Analyse der ›Nahrungsstoffe‹ und Ausscheidungsprodukte, den Vergleich ihrer chemischen Zusammensetzungen und die Bilanzierung von stofflichem Input und Output durch Reaktionsgleichungen hinreichend wissenschaftlich erklärbar ist.

Wie Liebig im ersten Teil seiner *Organischen Chemie* darlegt, bestehen die Hauptaufgaben der Stoffwechselphysiologie in der Untersuchung der Produktion tierischer Wärme und der Reproduktion der Organe, die sich in permanentem stofflichen Abbau und Wiederaufbau befinden. Die tierische Wärme resultiert nach Liebig ausschließlich aus der Respiration und der Oxidation der ›Nahrungsstoffe‹ durch den eingeatmeten Luftsauerstoff; der Tierkörper verhält sich in dieser Hinsicht »wie ein Ofen, den wir mit Brennmaterial versehen«. Ausgehend von den neuesten Ergebnissen der analytischen organischen Chemie unterteilt Liebig die ›Nahrungsstoffe‹ in zwei Klassen, die stickstoffhaltigen Proteine und die stickstofffreien Verbindungen wie Zucker und Fette. Nur die Proteine eignen sich für die Reproduktion der Organe, während die stickstofffreien ›Nahrungsstoffe‹ der Produktion tierischer Wärme dienen; erstere werden daher auch als ›plastische Nahrungsmittel‹, letztere dagegen als ›Respirationsmittel‹ bezeichnet.

Liebigs Einteilung der Nährstoffe in zwei Klassen impliziert auch unterschiedliche Synthesemöglichkeiten. Zucker und andere ›Respirationsmittel‹ seien im Körper in Fette, nicht aber in Proteine umwandelbar. Vielmehr betont Liebig, dass Proteine mit der pflanzlichen oder tierischen Nahrung als präformierte Bausteine aufgenommen würden. Die Pflanzen erzeugen die ›plastischen Nahrungsmittel‹ und somit letztlich auch Blut, Zellen und Organe bis hin zum Gehirn der Tiere (und Menschen). »Der Thierorganismus ist eine höhere Pflanze«, so Liebigs Resümee, und: In der kontinuierlichen Kette der Stoffe, die bei der Pflanze beginnt und bei den »zusammengesetztesten Bestandtheilen des Gehirns« endet, ist »keine Lücke, keine Unterbrechung«.

Liebigs Hypothesen riefen ein geteiltes Echo hervor. Vernichtender Kritik, u.a. von J. J. Berzelius, stand hymnisches Lob vor allem deutscher und englischer Chemiker und Mediziner gegenüber. Eine englische Übersetzung des Werks erschien bereits 1842. URSULA KLEIN

Alexander von Humboldt

* 14. September 1769 in Berlin (Deutschland)
† 6. Mai 1859 in Berlin (Deutschland)

Erziehung zunächst durch Hauslehrer auf Schloß Tegel; Studien in Frankfurt a.d. Oder, Göttingen, Hamburg und Freiberg; 1790 mit Georg Forster als Sympathisant der Revolution in Paris; Bekanntschaft mit Goethe und Schiller; bereits in jungen Jahren Arbeiten in diversen Disziplinen; Dienst im preußischen Bergbau; 1799–1804 weltweit beachtete Expedition durch die spanischen Kolonien in Amerika, dabei 1802 Höhenrekord beim Aufstieg bis vor den Gipfel des Chimborazo; anschließend Lebensmittelpunkt in Paris; zahlreiche Publikationen in französischer und deutscher Sprache, die den europäischen Diskurs über die ›Neue Welt‹ veränderten; legendäre politische Anregung für Simón Bolívar, den ›Befreier‹ Südamerikas; 1827 Umzug nach Berlin; 1829 zweite große Reise: durch Russland bis nach Sibirien; zwischen 1830 und 1847 diplomatische Missionen für Preußen in Frankreich; im letzten Werk, dem fünfbändigen *Kosmos*, unvollendetes Projekt einer wissenschaftlichen und künstlerischen Darstellung des Universums.

Kosmos. Entwurf einer physischen Weltbeschreibung

Schon 1796 – ein halbes Jahrhundert, bevor der *Kosmos* ab 1845 erschien – dachte Humboldt an eine zusammenhängende Darstellung der empirischen Natur als »physique du monde«, womit zuerst eine Beschreibung der Erde ohne das Weltall gemeint war. Während seiner ausgedehnten Reisen durch Europa und dann auch nach Süd- und Mittelamerika in den Jahren 1799 bis 1804 trug Humboldt Daten aus den Gebieten der Astronomie, Meteorologie, Geographie, Geologie, Botanik, Zoologie, Ethnologie, Linguistik und Ökonomie zusammen. Schon die frühen Auswertungen der großen Amerika-Expedition in deutscher Sprache, *Ideen zu einer Geographie der Pflanzen* (1807) und *Ansichten der Natur* (1808), zeugen von dem Bemühen, einzelne Beobachtungen im komplexen Zusammenhang geographischer Räume zu sehen und im überregionalen Vergleich zu generalisieren. 1827/28 hielt Humboldt in Berlin viel beachtete »Kosmos«-Vorlesungen, in denen er eine Beschreibung der gesamten physischen Welt (Erde und

Himmel) versuchte. Eine Druckversion dieser Vorträge kam nicht zustande. Stattdessen begann der über 60-Jährige die Ausarbeitung der Vorlesungsmanuskripte zum *Kosmos*, an dem er bis zu seinem Tode 1859 arbeitete. E. Buschmann ergänzte den Fragment gebliebenen fünften Band um ein umfangreiches Register (1862). Zum Komplex gehört auch der *Physikalische Atlas*, den Heinrich Berghaus bearbeitete, allerdings nicht immer mit Humboldts Zustimmung (Erstausgabe 1838 bis 1848).

Der erste Band des *Kosmos* von 1845 ist dem preußischen König Friedrich Wilhelm IV. gewidmet. Die »Vorrede« charakterisiert das Buch zugleich als Kompendium des Naturwissens der gesamten Epoche und als Lebenssumme eines langen Forscherlebens. »Einleitende Betrachtungen« explizieren den Begriff ›Kosmos‹ als »ein harmonisch geordnetes Ganzes«. Der sinnvolle Zusammenhang der physischen Welt erschließe sich unmittelbar in »großen Naturscenen«, doch nur die Wissenschaft erfasse systematisch empirische Daten und entdecke immer mehr Naturgesetze. Humboldt geht es im *Kosmos* aber weder um eine »Enzyklopädie der Naturwissenschaften«, die einzelne Erscheinungen ungeordnet aufzählt, noch um eine »rationelle Wissenschaft der Natur«, also die Erklärung oder gar Entwicklung wissenschaftlicher Theorien. Seine Aufgabe sieht er in der »denkenden Betrachtung der durch Empirie gegebenen Erscheinungen, als eines Naturganzen«.

Im anschließenden Abschnitt über die »Begrenzung und wissenschaftliche Behandlung einer physischen Weltbeschreibung« wird die sinnvolle Einheit aller Einzelheiten im Ganzen des Universums vorausgesetzt. Die mythische Welterfahrung der älteren Kulturen und die ästhetische Naturbetrachtung der neueren Zeit gelten als legitime Vorgriffe auf die wissenschaftlich fundierte Erforschung der physischen Natur als Totalität, wobei der unabschließbare Erkenntnisprozess letztlich nie den empirischen Beweis für den Zusammenhang aller Einzelheiten erbringen wird. Weil Humboldt im Anschluss an die Popularphilosophie des 18. Jh.s und an das Naturdenken Herders und Goethes von einer Korrespondenz zwischen den Wahrnehmungsvermögen des Menschen und den objektiven Naturerscheinungen ausgeht, liegen in der Vernunft wie in der Empfindung, ja selbst in der organischen Konstitution des Menschen, Schlüssel zum Verständnis der physischen Welt.

Der Aufbau des Werks beruht auf dieser Unterscheidung menschlicher Wahrnehmungsvermögen. Der erste Band gibt ein »Naturgemaelde«. Die »Allgemeine Uebersicht über die Erscheinungen« erfolgt von einem angenommenen erhöhten Standpunkt aus, vergleichbar dem eines Landschaftsmalers. Der zweite Band enthält eine Kulturgeschichte der Naturwahrnehmung. Ein Kapitel über »Anregungsmittel zum Naturstudium« befasst sich mit poetischen Naturbeschreibungen, Landschaftsmalerei und Landschaftsgärtnerei, die auf das »Gemüt« wirken. Die anschließende »Geschichte der physischen Weltanschauung« behandelt philosophische Konzeptionen des »Naturganzen« von der »Naturweisheit wilder Völker« bis zur Gegenwart. Der dritte, vierte und unvollendete fünfte Band geben »specielle Ergebnisse der Beobachtungen« der »kosmischen« und irdischen Erscheinungen, wobei die Darstellung an wissenschaftsgeschichtliche Rekapitulationen anknüpft. Die botanischen, zoologischen und anthropologischen Kapitel wurden nicht mehr ausgeführt.

Humboldt, der jahrzehntelang zur Etablierung exakter Naturforschung und neuer wissenschaftlicher Disziplinen beigetragen hatte, stieß mit seinem *Kosmos* bei Fachvertretern eher auf Zurückhaltung. Dennoch folgten in kurzer Zeit zahlreiche Neu- und Taschenausgaben, Bearbeitungen und Übersetzungen in viele Sprachen. Dabei ist der *Kosmos* keineswegs, wie häufig gesagt wird, ein Paradebeispiel naturwissenschaftlicher Popularisierung. Die exponierten Sachverhalte sind komplex, die Sprache, bei allen Bemühungen des Verfassers um das »Oratorische«, anspruchsvoll. Seinen Erfolg verdankt der *Kosmos* wohl vor allem der Prägnanz seiner bildungsgeschichtlichen Stellung. Mitte des 19. Jh.s galt Humboldt als Repräsentant des modernen, immer umfangreicheren und abstrakteren Naturwissens, zugleich aber auch als einer der letzten Zeitgenossen G. Forsters, Goethes und seines Bruders Wilhelm von Humboldt. So schien er prädestiniert, empirische Naturforschung als Gegenstand humanistischer Bildung zu behandeln. Schon 1794 hatte Humboldt an Schiller geschrieben, die Universalhistorie müsse durch Botanik, Zoologie und Geographie untermauert werden. Ein halbes Jahrhundert später führte der

Kosmos die physische Weltbeschreibung so aus, dass sie, vor allem in den ersten zwei Bänden, als Teil der Universalgeschichte verstanden werden kann. Ohne die Evolutionstheorie Darwins berücksichtigen zu können (dessen *Origin of Species* erschien in Humboldts Todesjahr), unterlegt der *Kosmos* das physische Sein »als ein gewordenes« jeder geschichtlichen Entwicklung, in der auch die Bildung des Einzelnen wie der Menschheit, die Sprachen und die Kultur, ja selbst die Fortschritte der Nation, Wirtschaft und Technik ihren Platz finden.

Idealismus und Empirie, Ästhetik und Wissenschaft, Individuum und Umwelt, Naturgeschichte und Universalgeschichte, kosmische Ordnung und entwicklungsgeschichtliche Dynamik – das alles schien in Humboldts Beschreibung der physischen Welt aus der Perspektive des vernünftigen und empfindenden Subjektes miteinander vereinbar, ein dichtes Bedeutungsgeflecht, das die abendländischen, besonders aber auch die deutschen Bildungseliten mit dem naturwissenschaftlichen Fortschritt zu versöhnen versprach. Neuere Interpreten sehen in Humboldt einen Vordenker interdisziplinärer Wissenschaft und eines interkulturellen, ja globalisierten Denkens. Der *Kosmos* ist jedoch auch ein monumentales Zeugnis der spezifisch deutschen neuhumanistischen Bildungsgeschichte. BETTINA HEY'L

George Boole

* 2. November 1815 in Lincoln (Großbritannien)
† 8. Dezember 1864 in Ballintemple (Irland)

1831–1848 Lehrer, ab 1834 Leiter seiner eigenen Privatschule; 1848 Ernennung zum Mathematikprofessor am Queen's College (heute: University) in Cork; 1851 Ehrendoktor der University of Dublin (Trinity College); 1857 Mitglied der Royal Society; 1859 Ehrendoktor der Oxford University. Mathematiker, Begründer der Logischen Algebra (»Boolesche Algebra«).

Untersuchung der Gesetze des Denkens, auf denen die mathematische Logik und die Wahrscheinlichkeitstheorie beruhen / An Investigation of the Laws of Thought on Which are Founded the Mathematical Theories of Logic and Probabilities

Das der Logik gewidmete, 1854 erschienene Werk gilt heute als die Grundlegung der Mathematik der Computer (Informatik) und damit der gesamten inzwischen dominierenden Medienkultur. Die vom Autor entwickelte und nach ihm benannte »Boolesche Algebra« zeichnet sich im Kern durch zwei Momente aus. Sie vollzieht erstens eine konsequente Formalisierung der Logik, und sie operiert dazu strikt binär, d.h. mit zweiwertigen Variablen: wahr oder falsch, 1 oder 0.

Historisch steht eine Erneuerung der Algebra im Hintergrund, die in der ersten Hälfte des 19. Jh.s von einer Mathematikergruppe in Cambridge (Charles Babbage, George Peacock, Duncan F. Gregory, Augustus De Morgan) in die Wege geleitet wurde. Nach G. Peacocks *Treatise on Algebra* (1830) musste die Algebra nicht länger nur für Zahlen Verwendung finden. A. De Morgans *Formal Logic* (1847) katapultierte darüber hinaus die Symbolik mathematischer Operationen ins Reich willkürlicher Setzungen. Aber erst Boole zog aus beiden Innovationen die Summe und statuierte, dass der Kalkül als solcher »von Operationen handelt, die als selbständige Dinge angesehen werden, unabhängig von den verschiedenen Stoffgebieten, auf die sie angewandt werden können« (Bourbaki). Seitdem gilt jene »leerformale Allgemeinheit« als das Wesen der Mathematik, deren Universalismus

Edmund Husserl knapp hundert Jahre später als »Überhöhung« der »Logistik« kritisierte und für die *Krisis der europäischen Wissenschaften* (1936) verantwortlich machte.

Selber noch dem Programm der englischen Mathematikerschule verpflichtet, feierte Bertrand Russell hingegen *The Laws of Thought* als die Entdeckung der reinen Mathematik. G. Booles bis heute bekanntestem Buch vorausgegangen war indes *The Mathematical Analysis of Logic*, 1847 (*Die mathematische Analyse der Logik*, 2001, T. Bergt). Hier bereits statuierte Boole die Prinzipien seiner neuen Algebra, wonach die 1 für »das Universum« wie die 0 für »das Nichts« stehen und jedes Etwas durch x wie demgemäß alles andere durch $(1\text{-}x)$ ausgedrückt werden können soll. Und weil es mehr als das Universum nicht gibt, gibt es auch keine größere Zahl als die 1 in diesem Kalkül, sondern stattdessen so merkwürdige Gleichungen wie $1+1=1$ und $x\cdot x=x$. Diese Algebra ist also keine abstrahierte Arithmetik, vielmehr formalisieren ihre Rechengesetze die Regeln der Logik: die Negation (»nicht-x« ist eben $(1\text{-}x)$), die Und-Operation (formalisiert als Produkt zweier Variablen), die Oder-Operation (formalisiert als Summe zweier Variablen). Die von ihm entwickelte Mathematik, schreibt Boole in der Einleitung der *Mathematical Analysis of Logic*, sei »die Mathematik des menschlichen Verstandes«.

Folgerichtig sprach er in seinem Hauptwerk zur Logik gleich im Titel von einer »Untersuchung der Gesetze des Denkens«. Die Fortsetzung des vollständigen Titels schränkt das Unternehmen auf jene Denkgesetze ein, »auf denen die mathematische Logik und die Wahrscheinlichkeitstheorie beruhen«. Letzterer ist vor allem die zweite Hälfte des Buches gewidmet, die damit die über das engere Gebiet der Logik hinausgehende Fruchtbarkeit seiner Formalisierung unter Beweis stellen sollte. Im Zentrum steht jedoch die Präzisierung und Vertiefung der Formalisierung selbst. Die Symbole eines jeden Kalküls »sind arbiträr. Ihre Interpretation ist reine Konvention; wir dürfen sie in jeder Bedeutung anwenden, die uns beliebt«, lautet die Setzung zu Beginn in aller Deutlichkeit. Ein eigenes Kapitel – das fünfte – ist dann der Funktion »uninterpretierbarer« Ausdrücke (wie jenes $1+1=1$) gewidmet, deren Verwendung doch Sinn ergibt. Ausgerechnet mit dieser fortgeführten und zugespitzten Formalisierung geht aber nun eine Art Umkehrung des anfänglich postulierten Ziels einher. Hatte sich *The Mathematical Analysis of Logic* als eine am menschlichen Denkvermögen orientierte Mathematik ausgegeben, so betont *The Laws of Thought* nun gegenläufig die »*direktive* Funktion« der Mathematik für das Denken. Diese anleitende Funktion sei »ihre Hauptaufgabe und ihre Besonderheit«. Auch insofern geht es hier um Gesetze des Denkens. BERNHARD J. DOTZLER

Rudolf Virchow

* 13. Oktober 1821 in Schivelbein/Pommern (Swidwin, Polen)
† 5. September 1902 in Berlin (Deutschland)

1839–1843 Studium der Medizin an der Berliner Militärärzte-Akademie (Pépinière); 1844–1846 Assistent an der Pathologischen Prosektur der Berliner Charité, die er 1846–1849 leitete; 1849 Berufung auf den Lehrstuhl für pathologische Anatomie der Universität Würzburg; 1856 Professur an der Universität Berlin, Direktor des neu gegründeten Pathologischen Instituts an der Berliner Charité und Leiter ihrer Prosektur bis zu seinem Tod.

Die Cellularpathologie in ihrer Begründung auf physiologische und pathologische Gewebelehre

Das 1858 erschienene Werk entsprang Virchows Arbeit als pathologischer Anatom, als er im Leichensaal der Berliner Charité nach der Entstehung und Verursachung von Krankheiten forschte. Als pathologischer Anatom setzte sich Virchow in der ersten Hälfte des 19. Jh.s aktiv mit der seinerzeit aufblühenden naturphilosophischen Medizin auseinander, die Krankheiten als eigene Wesenheiten ansah. Ferner attackierte er die ›Humoralpathologie‹, die noch bis weit ins 19. Jh. hinein die Leitschiene für die therapeutischen Aktivitäten vieler praktischer Ärzte war. Unter Zuhilfenahme naturwissenschaftlicher Methodik reagierte er auf diese spekulativen Ansätze mit einer genauen Untersuchung des krankhaft veränderten morphologischen Substrats in statischer und zunächst auch dynamischer Perspektive. Die Suche nach dem Ort der Entstehung von Krankheiten führte ihn zur Entwicklung der »Cellularpathologie«, die er in seinem bahnbrechenden Werk vorstellte, das die Medizin auch heute noch beeinflusst. Die Grundlage des Werks bilden zwanzig Vorlesungen, gehalten zwischen Februar und April 1858 im Berliner Pathologischen Institut. In demselben Jahr noch erschien diese Vorlesungsreihe in Buchform. Aus Zeitgründen hatte es Virchow bei dem leicht veränderten Abdruck der Vorlesungen belassen, die nun als Buchkapitel über Grundfunktionen der Zelle im normalen und krankhaften Zustand und über die Zellpathologie diverser Körpergewebe informierten.

Die Leitgedanken der *Cellularpathologie*, die Virchow bereits in seiner Würzburger Zeit entwickelt hatte, sind folgende: Die Zelle ist der Grundbaustein aller lebendigen Wesen. Ihr Aufbau ist grundsätzlich identisch. Alle Zellen gehen grundsätzlich aus anderen Zellen hervor. Krankheit trifft demnach auch Zellen, die dann im kranken Zustand lediglich unter veränderten Bedingungen leben. Daraus folgerte Virchow, dass es sich bei Krankheiten um keine eigenen Wesenheiten handelte, sondern um Manifestationen einer durch unterschiedliche Einflüsse gestörten Zellfunktion. Ferner waren mit den Zellen die ›solida‹, die festen Teile des Körpers, für Gesundheit und Krankheit verantwortlich, womit der ›Humoralpathologie‹ eine deutliche Absage erteilt wurde. In diesem Sinne hatte das Werk maßgeblichen Anteil nicht nur an der Vervollständigung der von Schwann und Schleiden begründeten Zelltheorie, sondern auch an der Begründung der naturwissenschaftlichen Medizin, die mit Hilfe experimenteller Verfahren die krankhaften Veränderungen von Zellen, Geweben und Organen untersucht.

Das Werk fand enorme Verbreitung und wurde bereits in den 1860er Jahren ins Englische (1860), Französische (1861) und ins Italienische (1863) übersetzt. Die *Cellularpathologie* ist nicht zuletzt das Signum für ein Jahrhundert, das die Morphologie des kranken menschlichen Körpers erforschte und der weiteren Entwicklung der Medizin nach 1900 die wesentliche Grundlage lieferte. CAY-RÜDIGER PRÜLL

Charles Robert Darwin

* 12. Februar 1809 in Shrewsbury/Shropshire (Großbritannien)
† 19. April 1882 in Downe/London-Bromley (Großbritannien)

1825–1827 Medizinstudium in Edinburgh; 1828–1831 Studium der Theologie, Botanik und Geologie in Cambridge; 1831–1836 Teilnahme an der Weltumseglung des Kapitäns Fitz Roy auf dem Forschungsschiff ›Beagle‹ (u.a. Südamerika, Galápagos-Inseln, Tahiti, Australien und Südafrika); 1838 Sekretär der Geological Society; 1839–1843 zoologische und geologische Veröffentlichungen zur ›Beagle‹-Reise; 1842 und 1844 erste ausformulierte Entwürfe der Evolutionstheorie, fast deckungsgleich mit der Evolutionstheorie des Naturhistorikers Alfred Russel Wallace – am 1. Juli 1858 wurden beide in einer Sitzung der Linnean Society verlesen; weitere Buchveröffentlichungen mit evolutionstheoretischem Hintergrund.

On the Origin of Species by Means of Natural Selection or the preservation of favoured races in the struggle for life / Über die Entstehung der Arten im Thier- und Pflanzenreich durch natürliche Züchtung oder, Erhaltung der vervollkommneten Rassen im Kampf um's Daseyn

Das 1859 publizierte Werk spielt eine zentrale Rolle in der Entwicklung der modernen Wissenschaft und der säkularen Moderne schlechthin. Darwins Theorie über die Geschichte und Vielfalt des Lebens und die sich daraus ergebende Vorstellung, dass auch der Mensch mit all seinen biologischen und kulturellen Merkmalen das Produkt natürlicher Mechanismen ist, hat nicht nur die Praxis der Biologie unwiderruflich verändert, sondern wurde auch schnell als grundsätzliche Herausforderung philosophischer und religiöser Traditionen des Abendlandes erkannt. Darwins Werk beeinflusst daher seit seiner Erstveröffentlichung mit wechselnder Intensität, aber immer kontrovers, das Denken in der Ethik, Theologie, Sozial- oder Erkenntnistheorie.

Das Erscheinen dieses epochalen Werks war die Kulmination einer ereignisreichen Entwicklung, die mehr als 20 Jahre in Anspruch genommen hatte. Der Inhalt und die endgültige Form des

Werks sind nur vor diesem Entstehungshintergrund zu verstehen. Nach seiner Rückkehr von der fünfjährigen Weltumseglung an Bord der ›Beagle‹ und der Aufarbeitung seiner Sammlungen formulierte Darwin zwischen März 1837 und September 1838 in einer Reihe von Notizbüchern die theoretischen Grundzüge der Theorie. 1842 verfasste er eine kurze Skizze seiner Theorie, 1844 vertraute er einigen engen Freunden einen längeren Essay an. Ein publizistischer Skandal ließ Darwin jedoch von einer Veröffentlichung seiner Theorie Abstand nehmen.

Im Oktober 1844 erschien anonym das von dem schottischen Journalisten und Verleger Robert Chambers verfasste *Vestiges of the Natural History of Creation*. Diese provokante materialistische Geschichte des Universums und des Lebens machte eine breite britische Leserschaft mit der Möglichkeit der Wandelbarkeit von Organismen vertraut. Kritiker aus der etablierten Wissenschaft reagierten mit harschen Verurteilungen, doch das Werk wurde zu einem sensationellen Bestseller. Darwin befürchtete, dass auch ein seriöses, für die Wandelbarkeit der Arten sprechendes Werk in diesen Strudel der Auseinandersetzungen hineingezogen werden würde; denn der Autor der *Vestiges* zeichnete sich vor allem durch Spekulationsfreude, nicht durch solides Wissen aus. Darwin widmete die folgenden Jahre der sorgfältigen und umfassenden anatomischen und stammesgeschichtlichen Untersuchung der Rankenfüßler, einer artenreichen Gruppe von Krebstieren, um seine Glaubwürdigkeit als ernst zu nehmender Wissenschaftler zu stärken.

Im September 1854 schloss Darwin diese langwierige Arbeit ab, und im Mai 1856 fasste er den Entschluss, ein umfassendes Werk mit dem Titel *Natural Selection* zu schreiben. Im Juni 1858 erhielt Darwin aber einen auf der ostindischen Insel Ternate von Alfred Russel Wallace aufgegebenen Brief, in dem Wallace Gedanken über den Artenwandel entwarf, die Darwins eigener Theorie zum Verwechseln zu gleichen schienen. Darwin und seine Freunde reagierten schnell: Am 1. Juli 1858 wurde in London die Theorie unter der gemeinsamen Autorschaft von Darwin und Wallace der Öffentlichkeit vorgestellt. Um seine Priorität zu sichern, begann Darwin im August mit einer Zusammenfassung seines in Arbeit befindlichen großen Werks.

Diese Zusammenfassung entwickelte sich in den folgenden Monaten zu *On the Origin of Species*, das schließlich am 14. November 1859 erschien.

Charles Darwins Werk bietet keine chronologische Nacherzählung der Entwicklung der Lebensformen, sondern ein strukturiertes, durch zahlreiche Beobachtungen und Tatsachen unterstütztes ›langes Argument‹ für zwei zentrale Ideen: dass Arten wandelbar sind und sich in neue Abstammungslinien aufspalten könnten und dass die natürliche Auslese die hauptverantwortliche Ursache für diesen Wandel ist. Die erste Idee führt zur bekannten Metapher vom ›Baum des Lebens‹ und zur Vorstellung, dass alle irdischen Lebensformen auf einen gemeinsamen Ursprung zurückzuführen sind.

Der Aufbau des Buches folgt jedoch vor allem der Notwendigkeit, den Leser von der Wirksamkeit der natürlichen Auslese zu überzeugen. Im ersten Kapitel zeigt Darwin, dass die von Züchtern vorgenommene künstliche Auslese die Ursache für den Wandel und die Vielfalt domestizierter Rassen ist. Diese Form der Auslese beruht auf zwei Mechanismen: Variation und Unterschiede in der Eignung (»fitness«) der Individuen. Erblichkeit ist nie perfekt, und die Nachkommen zeigen immer ungerichtete Abweichungen von der Elterngeneration. Der Züchter wählt dann die Varianten aus, die sich am besten für die Erfüllung seiner Ziele eignen, und erlaubt nur diesen Individuen, sich fortzupflanzen. Dieser Prozess der bewussten Auslese von erblichen Varianten führt über viele Generationen zu einem gerichteten Wandel. In den folgenden beiden Kapiteln argumentiert Darwin, dass in der Natur direkte Entsprechungen zu den Vorgängen bei der Tier- und Pflanzenzucht existieren: Auch in der Natur tauchen ständig ungerichtete, d. h. sowohl vorteilhafte als auch unvorteilhafte Variationen auf; vorteilhafte Abweichungen erlauben es ihren Trägern, sich erfolgreicher als ihre innerartlichen Konkurrenten im Kampf um knappe Ressourcen zu behaupten oder sich wirksamer fortzupflanzen; wenn diese Abweichungen erblich sind, also z. B. ein überdurchschnittlich großes Individuum überdurchschnittlich große Nachkommen hat, dann kann auch in der Natur mit einem schrittweisen Wandel der Arten und in genügend langen Zeiträumen mit der Aufspaltung in neue Arten gerechnet werden.

Im vierten Kapitel versucht Darwin seine Leser davon zu überzeugen, dass die im Vergleich zur künstlichen Auslese viel stärker ausgeprägten Vorgänge der natürlichen Auslese tatsächlich zu Artenwandel und Diversifizierung führen können und nicht vor etablierten Artgrenzen haltmachen. Darwin nimmt sich dann der Aufgabe an, zu zeigen, dass seine Theorie viele bisher rätselhafte Erscheinungen erklären kann, z. B. dass extrem ausgeprägte Merkmale die höchste Variabilität zeigen. Bevor er im letzten Teil des Buches diese Argumentationslinie weiterführt und zeigt, welche Gruppen von Tatsachen durch seine Theorie schlüssig erklärt werden können – so die Abfolge von Lebensformen in geologischen Schichten, die geographische Verbreitung verwandter Arten und Ähnlichkeiten in der Morphologie und der Individualentwicklung von Arten –, widmet er zunächst vier Kapitel der Entkräftung von möglichen Einwänden gegen seine Theorie.

Der Aufbau von *On the Origin of Species* orientiert sich vermutlich an zeitgenössischen Entwicklungen in der entstehenden Wissenschaftsphilosophie, die sich die Identifikation von ›wahren‹ (im Gegensatz zu ›spekulativen‹) Ursachen zur Aufgabe gemacht hatte. Darwins Argumentation soll zuerst in einem Analogieschluss etablieren, dass die natürliche Auslese in der Natur existiert, und dann mit Hilfe umfangreichen Tatsachenmaterials zeigen, dass diese Auslese auch tatsächlich ursächlich für die Abstammungsverhältnisse und die Anpassung der Organismen ist. Darwins Überzeugungsarbeit war allerdings nur begrenzt Erfolg beschieden: Die gemeinsame Abstammung der Lebensformen wurde schnell akzeptiert, die ziellos agierende natürliche Auslese als ›wahre‹ Ursache des Wandels wurde jedoch weniger begeistert aufgenommen und konnte sich erst im 20. Jh. in der Evolutionsbiologie durchsetzen.

On the Origin of Species handelt vom Wandel durch Konkurrenz und von der Kolonisierung von Lebensräumen und ist vereinbar mit einem optimistischen Fortschrittsdenken; das Werk ist damit ein typisches Produkt des viktorianischen England. Darwins Argument ist aber ungemein flexibel – er lässt z. B. offen, wie wichtig der Mechanismus der natürlichen Auslese für die Erklärung verschiedener Erscheinungen in der Natur ist –, er vermeidet eine zu komplizierte Fachsprache und geht sehr sparsam mit Hinweisen auf andere Literatur um. *On the Origin of Species* hat sich wegen dieser Flexibilität und Lesbarkeit innerhalb und außerhalb der Biologie als ein Werk etabliert, das seine Entstehungsbedingungen hinter sich gelassen hat und das immer wieder neu und produktiv gedeutet werden kann.

THOMAS P. WEBER

Die Abstammung des Menschen und die geschlechtliche Zuchtwahl / The Descent of Man, and Selection in Relation to Sex

Dass der Autor nach langem Zögern sich entschloss, seine Ansichten zur Genealogie des Menschen 1871 in einem voluminösen, von Beobachtungen und Belegen geradezu überquellenden doppelbändigen Werk in den Druck zu geben, hatte zwei Gründe. Zum einen begann Darwins zeitweiliger Weggefährte und Mitentdecker der Evolutionstheorie, Alfred R. Wallace, von ihren gemeinsamen Ansichten abzurücken. Wallace, der sich in jenen Jahren dem Spiritismus zuwandte, hatte erklärt, er könne sich nicht vorstellen, dass die geistigen Fähigkeiten des Menschen das Produkt der »natürlichen Zuchtwahl« (»natural selection«) seien. Zum andern aber suchte Darwin nach Erklärungen für die vielen körperlichen Bildungen namentlich bei Vögeln und höheren Tieren bis hin zum Menschen, die offenkundig nicht unmittelbar dem Überleben dienen, sondern im »Kampf ums Dasein« eher hinderlich sind. Er entwickelt daher in *The Descent of Man* die 1859 erst angedeutete These, dass es neben der »natural selection« eine »sexual selection« (»geschlechtliche Zuchtwahl«) gäbe, die mit Hilfe von »schmückenden« körperlichen Merkmalen und »reizenden« Verhaltensweisen den Fortpflanzungserfolg sicherstelle.

Der Aufbau von *The Descent Of Man* gliedert (gemäß der maßgeblichen zweiten Auflage von 1874) 21 Kapitel in drei Teile und zwei Bände. Im ersten Teil »The Descent or Origin of Man« (»Die Abstammung oder der Ursprung des Menschen«) zeigt Darwin, dass nicht nur die körperlichen Formen des Menschen, sondern auch seine geistigen Fähigkeiten in eine genealogische Sukzession zu einer »niederen Form« bzw. zu »niederen Tieren« eingerückt werden können. Diese Überlegungen führen im siebten Kapitel zur Erörterung der »Rassen des Menschen«; in deutlicher Distanz zu den vielen Rassismen seiner Zeit vertritt Darwin die These, dass die unterschiedlichen Erscheinungsformen der »Rassen«, die im Übrigen nicht distinkt seien und ineinander übergingen, das Produkt der »sexual selection« und damit Ausdruck von ästhetischen Präferenzen sind, die sich unter räumlich getrennten Menschengruppen verstetigt haben.

Im zweiten Teil, der die Theorie der »sexual selection« entfaltet, argumentiert Darwin auf der Basis einer eindrücklichen Reihe von Beispielen, dass viele körperliche Merkmale und Verhaltensweisen von Tieren allein dem Anwerben bzw. Erobern von Sexualpartnern dienen. Die entsprechenden Eigenschaften – von ausgeprägten Hörnern, die ganz und gar dem Kampf um Weibchen dienen, über extravaganten Federschmuck bis hin zu Balz-»Gebärden« oder Gesang – seien den damit besonders begabten Individuen ausschließlich auf dem Feld der »sexual selection« dienlich, die daher von der »natural selection« zu unterscheiden sei. In streckenweise bezaubernden Passagen über die »Zeit der Liebe« namentlich unter Vögeln schildert Darwin, wie Weibchen vieler Arten eine Wahl zwischen männlichen Konkurrenten treffe, die offenkundig durch den Effekt gesteuert werde, den die Präsentation des Federschmucks auf die Umworbenen ausübe. Er nimmt sogar an, dass diese Wahl gleichsam nach ästhetischen Kriterien erfolge – und dass z. B. die von ihm detailliert untersuchten Zeichnungen auf dem Gefieder des Argusfasans das evolutionäre Resultat einer langen Serie von weiblichen »Urteilen« dieser Art seien.

Der dritte Teil schließlich gilt der »sexual selection« »in Beziehung auf den Menschen« (»Sexual Selection in Relation to Man«). Darwin vertritt die Ansicht, dass beim Menschen nicht die Frauen, sondern die Männer die Wahl der Geschlechtspartnerin treffen, was zur Ausbildung der »weiblichen Schönheit« geführt habe. Vor allem aber entwickelt er hier eine Theorie zur Genealogie des sozialen Verhaltens und zur Entstehung des Gewissens, denn der Mensch unterscheide sich von den Tieren allein durch seine »Moralfähigkeit«. Diese konnte sich, so Darwin, nur bei Lebewesen ausbilden, die einerseits dank ihres komplexer werdenden Gehirns in zunehmendem Maß die Möglichkeiten von Wahl, Entscheidungen und Urteilen gehabt hätten, die andererseits aber schon immer »schwache Tiere« gewesen seien, deren

Überleben von Kooperation abhing. Schon in der Savanne war der Mensch daher von der Angst getrieben, die Liebe und Achtung seiner »Genossen« zu verlieren. Das aber sei die genealogische Wurzel von Gewissen und Moral, deren Ausbildung zur spezifisch menschlichen Eigenschaft schließlich vom sich entwickelnden Sprachvermögen abhinge. Denn erst dieses habe dazu geführt, dass der frühe Mensch die kontingenten, situativen Regeln der Kooperation zunehmend in Begriffe gefasst habe und diese damit zu situationsunabhängigen Verhaltensgrundsätzen, d.h. zu moralischen Normen geworden seien. Deren Verletzung wurde zuerst von der Gruppe bzw. dem stärksten Männchen sanktioniert – bei fortschreitender sozialer Organisation aber vom Gewissen eines jedes Einzelnen. Dieser Gedanke des Buchs, das im Vergleich zu Darwins Hauptwerk von 1859 zunächst nur geringe Beachtung fand, wurde ein halbes Jahrhundert später von Sigmund Freud in *Das Unbehagen in der Kultur* aufgegriffen, allerdings ohne expliziten Bezug auf Darwin. PHILIPP SARASIN

Claude Bernard

* 12. Juli 1813 in Saint-Julien-en-Beaujolais (Frankreich)
† 10. Februar 1878 in Paris (Frankreich)

Medizinstudium in Paris; ab 1841 Präparator bei François Magendie; 1843 Promotion mit einer Untersuchung über den Magensaft; maßgebliche Etablierung der Forschung am lebenden Tier mit seinen Arbeiten zur Ernährungs- und Nervenphysiologie; 1854 Professor für Physiologie an der Sorbonne; 1855 Nachfolger von Magendie am Collège de France; 1865 erschien seine *Introduction à l'étude de la médecine expérimentale*; Begründung der allgemeinen Physiologie mit den *Leçons sur les phénomènes communs aux animaux et aux végétaux* (1878).

Einführung in das Studium der experimentellen Medizin / Introduction à l'étude de la médecine expérimentale

Mit dem 1865 erschienenen Werk hatte Claude Bernard maßgeblichen Anteil an der Entwicklung der experimentellen Physiologie im 19. Jh. Die Tierphysiologie verdankt ihm entscheidende Befunde, so etwa den Zucker- und Glykogenaufbau in der Leber, die Rolle des Pankreassaftes bei der Fettverdauung oder die Wirkung des Pfeilgiftes Curare auf die motorischen Nerven. Neben diesen ernährungs- und nervenphysiologischen Arbeiten beschäftigte er sich auch mit dem tierischen Wärmehaushalt. Im Zusammenhang mit diesen Studien entwickelte er den Begriff der »inneren Umwelt« (»milieu interne«): Je komplexer das innere Milieu, umso mehr Freiheitsgrade hat der Organismus gegenüber seiner äußeren Umgebung. Dieser Begriff war für Bernards Verständnis der organischen Funktionen zentral und bestimmte auch seinen Experimentalstil: Wesentliche Auskünfte über das Funktionieren des Organismus konnte man demnach nur am lebenden Tier, also auf dem Wege der Vivisektion, gewinnen.

Bernards *Introduction à l'étude de la médecine expérimentale* enthält in konzentrierter Form und dennoch in erzählerisch gehaltenem Ton die Summe seiner experimentellen Philosophie. Eine Medizin mit wissenschaftlichem Anspruch, so Bernard, muss auf der experimentellen Physiologie aufbauen. Deren Darstellung unternimmt er in diesem Buch. Der erste Teil der *Introduction* setzt sich mit den Versuchen auseinander, Beobachtung und Experiment definitorisch voneinander zu unterscheiden. Bernard kommt zu dem Ergebnis, dass man im Grunde Beobachtung und Versuch gar nicht voneinander trennen kann: Oft ist die Beobachtung selbst instrumentell vermittelt, und das Experiment ist eigentlich nichts anderes als eine provozierte Beobachtung. Beide erfordern vorwegnehmende Annahmen, also Hypothesen, gleichzeitig zeichnet es aber den Experimentator aus, von diesen Annahmen auch wieder zurücktreten und sich durch den Versuch belehren lassen zu können. Großen Wert legt Bernard auf die Form des »tastenden Versuchs«. Wenn der Forscher ein neues Feld betritt, dessen Prinzipien ihm unbekannt sind, muss er erst einen Weg finden, um an die entscheidenden Phänomene heranzukommen. Hier sind Intuition und Erfahrenheit gefragt. »Für die wissenschaftliche Forschung«, fasst Bernard zusammen, »sind die geringsten Einzelheiten von größter Bedeutung. Die glückliche Wahl des Versuchstiers, ein in bestimmter Weise konstruiertes Instrument, die Verwendung eines Reagens an Stelle eines anderen genügen oft, um Fragen von höchster allgemeiner Bedeutung zu lösen.« Und er schließt: »Man muss in den Laboratorien erzogen worden sein und dort gelebt haben, um die ganze Bedeutung dieser Einzelheiten der Forschungsmethoden zu erkennen.«

Der zweite Teil des Buchs beschäftigt sich eingehend mit den Besonderheiten des Experimentierens an Lebewesen. Hier vollzieht Bernard eine Gratwanderung, die ihn auch so vielseitig hat auslegbar werden lassen. Einerseits hält er strikt daran fest, dass es auch dem biologischen Experimentieren nur darum gehen kann, zu den physikalisch-chemischen Bedingungen der Lebensvorgänge vorzustoßen und sie in ihrem Determinismus zu erfassen. Andererseits hält er daran fest, dass sich die spontanen Lebens- und Entwicklungsäußerungen der Organismen von bloß physikalisch-chemischen Prozessen unterscheiden. Die Lebensvorgänge verkörpern sich im »inneren Milieu«, und der Physiologe muss versuchen, in dieses mit seinen Experimenten vorzudringen. Im dritten und abschließenden Teil des Buchs gibt Bernard dem Leser zahlreiche Beispiele für verschiedene Formen und Nuancen des experimentellen Vorgehens, die er hauptsächlich seiner eigenen Laborerfahrung entnimmt. Aus ihnen geht hervor, dass Bernard ein »Meister« darin war, bei seinen Experimenten auf Antworten am Rande oder außerhalb des Erwarteten zu achten, so François Dagognet.

Es macht den großen Reiz dieser erkenntnistheoretischen Abhandlung aus, dass sie weniger dem Systemdenken des Philosophen als vielmehr der experimentellen Logik des Wissenschaftlers folgt, der die Wissenschaftsphilosophie seiner Zeit, insbesondere die von Auguste Comte, mit seiner eigenen Versuchspraxis konfrontiert. Bernards *Introduction à l'étude de la médecine expérimentale* hat eine sehr breite Leserschaft gefunden und Generationen von Medizinern in Frankreich bei ihrer Ausbildung begleitet. Das Buch ist zu einem Klassiker der Literatur über das Experiment geworden.

HANS-JÖRG RHEINBERGER

Gregor Johann Mendel

* 20. Juli 1822 in Heinzendorf bei Odrau (Vražné-Hynčice, Tschechien)
† 6. Januar 1884 in Brünn/Mähren (Brno, Tschechien)

1843 Eintritt in das Altbrünner Augustinerkloster, 1844–1848 Studium der Theologie in Brünn, 1847 Priesterweihe, 1851–1853 Studium der Naturwissenschaften an der Universität Wien, ab 1854 Lehrer für Naturlehre und Naturgeschichte an der Oberrealschule in Brünn; meteorologische Studien und Untersuchungen an Bienen, botanische Kreuzungsversuche im Brünner Stiftsgarten, ab der Gründung 1862 regelmäßige Mitarbeit im Naturforschenden Verein in Brünn, in dessen Verhandlungen 1866 seine *Versuche über Pflanzen-Hybriden* erschienen; von 1868 bis zu seinem Tod Abt des Klosters in Brünn.

Versuche über Pflanzen-Hybriden

Es gibt wenige Aufsätze in der wissenschaftlichen Experimentalliteratur, die eine solche Bedeutung erlangt haben wie die Schrift, in der Gregor Mendel 1866 die Ergebnisse seiner langjährigen Erbsenkreuzungen vorlegte. Was die Veröffentlichung zusätzlich einzigartig macht, ist der Umstand, dass sie erst 35 Jahre nach ihrem Erscheinen das Interesse der wissenschaftlichen Öffentlichkeit nachhaltig erregte. Man hat in diesem Zusammenhang denn auch von einer »Wiederentdeckung« der Mendel'schen Gesetze gesprochen, die mit den Arbeiten von Hugo de Vries, Carl Correns, Erich Tschermak und William Bateson um 1900 einsetzte. Erst jetzt wurden die Regeln, denen Mendels Erbsengenerationen folgten, nicht mehr als besonderes Bastardverhalten gedeutet, sondern zum Modell für den Vererbungsvorgang überhaupt erhoben. Seitdem wird Mendels wenig mehr als 40 Seiten umfassende Arbeit über Pflanzenhybriden als Gründungsdokument der modernen Genetik gelesen und ist vielfach neu aufgelegt und übersetzt worden.

In seiner Biographie hat Vitezslav Orel ausführlich die landwirtschaftliche Entwicklungsbewegung im Mähren des 19. Jh.s dargestellt, in die das Brünner Augustinerkloster, dem Mendel angehörte, eingebettet war. In der Regel konzentrierte sich das Interesse der Züchter auf die Optimierung bestehender oder die Erzeugung neuer

Eigenschaften durch Selektion oder Einkreuzen möglichst unterschiedlicher Sorten in einem breiten Spektrum von Gemüse- und Zierpflanzen. Im Unterschied zu den meisten seiner hybridisierenden Zeitgenossen beschränkte sich Mendel in seinem Bericht jedoch darauf, Varietäten einer einzigen Art, Pisum sativum, zu beschreiben, seine Beobachtungen auf eines bzw. auf wenige Merkmalspaare zu konzentrieren und dabei den Vorgang der künstlichen Befruchtung experimentell streng zu kontrollieren.

Mendel hatte sich vorgenommen, »ein allgemein giltiges Gesetz für die Bildung und Entwicklung der Hybriden aufzustellen«, und achtete bei der Wahl seiner Pflanzen sorgfältig nicht nur auf konstant differierende Merkmale, wie er es ausdrückte, sondern auch auf die konstant erhaltene Fruchtbarkeit der Nachkommen. Er hatte es sich zweitens zur Aufgabe gemacht, die numerischen Verhältnisse der in den Nachkommengenerationen auftretenden Formen zu bestimmen, und produzierte deshalb eine große Zahl von Hybriden, die er statistisch auswerten konnte. Er entwickelte drittens ein eigenes Symbolsystem zur Darstellung seiner Annahme, dass jedem von zwei alternativen Merkmalen jeweils ein Faktor zugrunde lag, von denen jeder getrennt für sich über die Keimzellen weitergegeben wurde. Auf diese Weise ließen sich bei mehreren Merkmalspaaren Permutationen darstellen und bei dominant-rezessiven Merkmalspaaren – die Mendel ausschließlich berücksichtigte – die genetische Konstitution vom Erscheinungsbild der Pflanze unterscheiden. Viertens schließlich interpretierte Mendel seine Ergebnisse dahingehend, dass die merkmalsbestimmenden Erbfaktoren im Prinzip frei vertauschbar waren.

In einem letzten Punkt aber schien sich Mendel seinen Zeitgenossen anzuschließen. In der Tradition der Naturgeschichte hielt er Hybriden – zumindest im Regelfall – für instabile Mischungen. Eben deshalb, so nahm er an, war »die Ausgleichung der widerstrebenden Elemente« in der befruchteten Zelle nur vorübergehend und reichte »nicht über das Leben der Hybridpflanze hinaus«, während identische Faktoren bei der Befruchtung »gänzlich und bleibend vermittelt« wurden, es also zu einer »innigen Verschmelzung« kam. Es war also eine Besonderheit von Hybriden gegenüber konstanten Formen, dass sie in der ersten Generation gleichförmig auftraten, während sie sich in der zweiten Generation bei dominant-rezessiven Erbgängen im Verhältnis von 1:3 aufspalteten und zu den Elternformen zurückkehrten.

Mendels »Versuche über Pflanzen-Hybriden« sind ein Meisterstück schnörkelloser moderner Experimentalprosa. Im Aufbau verwirklicht der Text die sich bald allgemein – vor allem in den physikalischen, doch erst später in den biologischen Wissenschaften – durchsetzende Struktur von Experimentalberichten. Mendel versteht ihn als eine »Probe« dafür, wie »Detail-Versuche« aussehen sollten, um den Gesetzen der Hybridbildung auf die Spur zu kommen. Die Arbeit ist also in Mendels Augen durchaus exemplarischer Natur. Sie beginnt mit einer kurzen Darstellung des Materials und der Methoden, die auch Faktoren benennt, die zur Verfälschung der Ergebnisse führen können. Sie stellt dann die Versuchsergebnisse dar, und zwar zeitlich dem Verlauf der Generationen folgend und systematisch nach der steigenden Komplexität der Merkmalskombinationen. Schließlich mündet sie in einen Versuch der Erklärung der Kreuzungsergebnisse, die sich auf den Stand der zeitgenössischen Zell- und Fortpflanzungsbiologie stützt.

Ab 1868 hielten Mendel die Aufgaben als Prälat des Augustinerklosters in Brünn davon ab, seine Experimente fortzusetzen. Nur 1869 erschien noch eine kleine Arbeit »Über einige aus künstlicher Befruchtung gewonnene Hieraciumbastarde«, die seine Ergebnisse mit Pisum allerdings nicht bestätigten. Sie waren für ihn aber insofern interessant, als sie konstante Hybriden zu liefern und damit im Prinzip einen Mechanismus zur Entstehung neuer Arten anzudeuten schienen. Mendel starb 1884, ohne dass er merkliche Resonanz bei den Biologen seiner Zeit gefunden hatte. HANS-JÖRG RHEINBERGER

James Clerk Maxwell

* 13. Juni 1831 in Edinburgh/Schottland (Großbritannien)
† 5. November 1879 in Cambridge (Großbritannien)

Studium der Naturphilosophie und Mathematik in Edinburgh und Cambridge; Veröffentlichung wissenschaftlicher Arbeiten über das Farbsehen (resultierte in ersten Farbfotographien), in der Kinetischen Gastheorie, Elektrodynamik und einigen anderen Bereichen; ab 1856 Professor in Aberdeen, ab 1860 in Cambridge; baute dort ab 1871 das Cavendish-Laboratorium auf; galt als religiöser Mensch.

Lehrbuch der Elektrizität und des Magnetismus / A Treatise on Electricity and Magnetism

Das Hauptwerk des Autors wurde 1873 veröffentlicht. Kurz vor 1800 nahm das lange 19. Jh. der Elektrizitätsforschung mit den Entdeckungen der galvanischen Elektrizität und der Elektrolyse einen fulminanten Anfang, erhielt durch den weltweiten Einsatz der Telegraphie und der elektrotechnischen Industrialisierung eine die Zivilisation transformierende materielle und institutionelle Basis und fand mit der Postulierung des Elektrons und Einsteins spezieller Relativitätstheorie einen folgenreichen und vorläufigen Abschluss. Maxwells Forschungen nehmen in der historischen Zusammenführung dieser Entwicklungen eine zentrale Stellung ein.

Ab Mitte der 1850er Jahre befasste sich Maxwell mit der Formulierung einer Theorie, die, auf die experimentellen und konzeptuellen Arbeiten des Experimentalphysikers Michael Faraday und auf die Vorarbeiten von William Thomson aufbauend, das gesamte Gebiet der elektrischen und magnetischen Erscheinungen zusammenfassen sollte. Entgegen den in Frankreich und Deutschland verbreiteten Vorstellungen standen im Zentrum dieser Theoriebildung keine elektrischen oder magnetischen Flüssigkeiten, die durch fernwirkende Kräfte aufeinander Einfluss nahmen, sondern die Modellvorstellung und die mechanische Analogie eines elastisch deformierbaren Fluidums, in dem alle magnetischen und elektrischen Phänomene sich durch zirkuläre Ströme bzw. lokal wirkende und sich wellenförmig fortsetzende Polarisierungszustände beschreiben lassen sollten.

1862 weitete Maxwell diesen Ansatz auch auf Probleme der Optik aus, unter anderem konnte Licht als elektromagnetische Wellenerscheinung in einem den Raum ausfüllenden und alles durchdringenden Äther beschrieben werden. In seinem in zwei Bänden veröffentlichten *Treatise* ließen sich die unterschiedlichen Zustände des elektromagnetischen Feldes mithilfe eines Systems von nur sechs partiellen Differentialgleichungen mathematisch darstellen.

Das Werk wurde zunächst aus verschiedenen Gründen scharf kritisiert. Während Maxwells Freund William Thomson den hohen Stellenwert mathematisch motivierter Strukturbildung kritisierte, sah der französische Physiker Pierre Duhem eine rigorose Deduktion der Lehrsätze durch die intensive Verwendung von mechanischen Modellen und Analogien gefährdet. Maxwells britische Kollegen hatten vor allem mit den oftmals nur schwer nachvollziehbaren Herleitungen der einzelnen Formeln zu kämpfen. Maxwells Theorie setzte sich im englischsprachigen Raum erst in den späten 1880er Jahren allgemein durch, nachdem das Buch durch zahlreiche Mathematiker, Physiker und Ingenieure für den Lehrbetrieb und die Anwendung in der Elektrotechnik ›übersetzt‹ worden war. Dabei erwies sich der *Treatise* mehr und mehr als richtungsweisendes Werk, das nicht nur die weitere Entwicklung der physikalischen Theoriebildung stark beeinflusste, sondern durch die ansatzweise Behandlung der problematischen Beziehung zwischen einer makroskopischen Feldtheorie und dem atomaren Aufbau der Materie auch den Weg in die moderne Physik öffnete.

Dass die deutsche Übersetzung bis 1883 auf sich warten ließ, weist auf eine schleppende Rezeption auch in Deutschland hin. Eine Ausnahme bildete die Schule des Berliner Physikers Hermann von Helmholtz, dessen Schüler Heinrich Hertz 1888 ein wichtiger Beweis für die gestaltende Kraft der Maxwell'schen Elektrodynamik gelang: die elektrische Erzeugung und der experimentelle Nachweis elektromagnetischer Wellen. Auch wenn oder vielleicht gerade weil Maxwells Ruhm sich zu einem nicht unbeträchtlichen Teil erst im Zuge der nachfolgenden Rezeption vollständig ausbildete, ist *Treatise on Electricity and Magnetism* eines der faszinierendsten und folgenreichsten Bücher der Physikgeschichte. FALK MÜLLER

Étienne-Jules Marey

* 5. März 1830 in Beaune (Frankreich)
† 15. Mai 1904 in Paris (Frankreich)

1857 Doktorarbeit über Blutzirkulation; Einrichtung des ersten privaten Labors für experimentelle Physiologie; ab 1868 Professor am Collège de France; 1881 Einrichtung der ›Station physiologique‹ in Paris zur fotographischen Erfassung von Bewegungsabläufen; 1895 Präsident der Pariser Akademie der Wissenschaften.

Die graphische Methode in den experimentellen Wissenschaften / La méthode graphique dans les sciences expérimentales

Die 1878 publizierte Studie gibt den ersten umfassenden und systematischen Überblick über Funktion und Anwendung der »graphischen Methode« in den experimentellen Wissenschaften. Deren Prinzip bestand im Wesentlichen darin, die Bewegungen eines lebenden Organismus (Puls, Atmung, Muskelkontraktion usw.) oder die Wirkung physikalischer Kräfte über einen Transmissionsmechanismus auf einen Schreibstift zu lenken, der diese Impulse dann in Gestalt von Linien und Kurven auf einer Schreibfläche notierte. In den Hebungen und Senkungen dieser Notation war der Verlauf der zugrunde liegenden Bewegung fixiert und wie eine Schriftzeile lesbar. Auch wenn Marey nicht der Urheber dieses Verfahrens war – zuvor hatten bereits die Physiologen C. Ludwig, K. Vierordt und H. von Helmholtz mit entsprechenden Geräten gearbeitet –, so war er doch der Erste, der es systematisch analysierte und als eigenständige Methode experimenteller Forschung darstellte. In den 36 Kapiteln des Buchs wird die Umsetzung des Verfahrens in diversen Gebieten wie Physiologie, Meteorologie, Akustik oder Elektrizitätslehre diskutiert und auf so unterschiedlichen Phänomene wie Puls, Atmung, Druck- und Temperaturschwankung, Geschwindigkeit verschiedener Flüssigkeiten, Flugbewegungen von Vögeln und Insekten angewendet. Zahlreiche Abbildungen der Instrumente und Kurven begleiten die Darstellung.

Bemerkenswert ist vor allem die epistemische Bedeutung, die Marey der graphischen Methode in der programmatischen Einleitung des Buchs zuschreibt. Zwei Leistungen hebt er besonders hervor: Zum einen die Ersetzung der täuschbaren und fehlerhaften Sinne des Menschen durch ein unfehlbares Registrierverfahren und zum anderen die universelle Lesbarkeit der graphischen Ergebnisse dank des einheitlichen, weltweit verständlichen Notationssystems. Marey zögert nicht, die Einführung der graphischen Methode in eine kulturhistorische Reihe mit den ersten Höhlenzeichnungen, den Hieroglyphen oder der Verbreitung des Alphabets zu stellen. Ein weiterer Vorteil der Methode wird darin gesehen, dass sie das untersuchte Phänomen – im Unterschied etwa zur Praxis der Vivisektion – nicht aktiv verändere oder entstelle, sondern dessen selbsttätige Aufzeichnung herbeiführe. Marey beschreibt die graphische Methode aus diesem Grund als die natürliche »Sprache der Phänomene selbst«.

Dieser emphatische Anspruch ließ sich freilich nicht lange halten. Mit der Zeit stellte sich heraus, dass die Aufzeichnungen keineswegs eindeutig entzifferbar waren, da zahlreiche Störquellen die Aufzeichnungsinstrumente irritieren konnten. Anstelle einer »natürlichen Graphik« hatte man also ein technisches Artefakt hervorgebracht. Zudem stellte es sich als notwendig heraus, die Instrumente zu standardisieren, da verschiedene Forscher mit den gleichen Geräten zu unterschiedlichen Ergebnissen kamen bzw. ihre Ergebnisse sich nicht identisch wiederholen ließen. So zeigte sich, dass auch die von Marey propagierte »natürliche Sprache« keineswegs evident und allgemeinverständlich war, sondern auf den Standards, Normen und Konventionen einer Forschergemeinschaft beruhte.

Mareys Studie ist ein wichtiges Zeugnis für den Versuch zahlreicher Wissenschaftler des 19. Jh.s, die Mangelhaftigkeit der Sinne durch die Selbsttätigkeit technischer Apparaturen zu ersetzen. Diese Haltung wurde als wissenschaftliches Ideal einer »mechanischen Objektivität« (Daston/Galison) gedeutet, das die Qualität der Forschungsergebnisse vor allem durch die Zurücknahme und die Selbstdisziplin der Forscher zu garantieren versuchte. PETER GEIMER

Hermann von Helmholtz

* 31. August 1821 in Potsdam (Deutschland)
† 8. September 1894 in Berlin (Deutschland)

Medizinstudium an der Militärärzteschule in Berlin u.a. bei J. Müller und G. Magnus; nach Promotion Chirurg des Husarenregiments in Potsdam; 1848 Rückkehr nach Berlin, lehrte Anatomie an der Kunstakademie und als Assistent von J. Müller; durch Fürsprache von Alexander von Humboldt Professor für Physiologie und Pathologie an der Königsberger Universität; wichtige Leistungen u.a. Messung der Fortpflanzungsgeschwindigkeit von Erregungsvorgängen im Nervensystem, Erfindung des Augenspiegels und Formulierung des Energieerhaltungssatzes; lehrte ab 1855 in Bonn und ab 1858 in Heidelberg; 1871 Lehrstuhl für Physik in Berlin; ab 1888 Präsident der Physikalisch-Technischen Reichsanstalt in Charlottenburg.

Vorträge und Reden

Mit dem schon zu Lebzeiten in mehreren Auflagen publizierten Sammelband von 1884 hat Helmholtz die Gattung der allgemeinverständlichen und zugleich kompetenten Darstellung von Forschungsresultaten mitbegründet. Die Texte erläutern u.a. die physiologischen Bedingungen des Sehens und der Harmonie, die optischen Voraussetzungen der Malerei, die physikalischen und technischen Aspekte des (von Helmholtz entdeckten) Energieerhaltungssatzes, erklären naturwissenschaftlich die Entstehung von Eis, Gletschern, Wirbelstürmen und Gewittern und entwerfen eine mechanische Theorie über die Entstehung des Planetensystems. Helmholtz entwickelt darüber hinaus Ansätze zu einer mechanistischen Weltdeutung, reflektiert auf die Geschichte der Naturwissenschaften, sucht das Verhältnis von Natur- und Geisteswissenschaften zu klären, nimmt zu bildungspolitischen Fragen Stellung und formuliert Aufgaben und Ziele für die Wissenschaften insgesamt.

Von besonderer Bedeutung sind die wissenschafts- und erkenntnistheoretischen Fragestellungen. Einige Vorträge sind diesen Themen vorwiegend gewidmet. »Über das Sehen des Menschen« (1855) gilt wegen des positiven Bezugs auf die Philosophie Kants als ein

Schlüsseltext zur Begründung des Neukantianismus. Die Ausführungen »Ueber das Verhältniss der Naturwissenschaften zur Gesammtheit der Wissenschaften« (1862) sind für die weitere Geschichte der Ausdifferenzierung von Geistes- und Naturwissenschaften von großer Bedeutung. In »Ueber den Ursprung und die Bedeutung der geometrischen Axiome« (1870) leitet Helmholtz die nicht-euklidischen Geometrien, die in der allgemeinen Relativitätstheorie von Albert Einstein eine zentrale Rolle spielen, unter Rückgriff auf experimentelle Erfahrung ab. Die damit verbundene Kritik an Kants Raumauffassung wird in »Die Thatsachen in der Wahrnehmung« (1878) fortgesetzt. In diesem herausragenden Vortrag nimmt Helmholtz eine grundsätzliche Bestimmung seines erkenntnistheoretischen Standpunktes des empiristischen »Realismus« vor. Er stellt zudem einen neuen Ansatz zur sinnesphysiologischen Ableitung der Raumbestimmungen aus elementaren leiblichen Bewegungsabläufen vor und

formuliert eine wirkungsreiche Zeichentheorie.

In zwei ebenfalls viel beachteten Vorträgen setzt sich Helmholtz mit Goethes naturwissenschaftlichen Arbeiten auseinander. Während er 1853 Goethes Methode in wesentlichen Aspekten als »grundfalsch« bezeichnet (»Über Goethe's naturwissenschaftliche Arbeiten«), erkennt er 1892 in ihr eine »Ahnung neuer Gesetzmässigkeit«, die in analoger Weise auch in der naturwissenschaftlichen Arbeit vorkomme (»Goethe's Vorahnungen kommender naturwissenschaftlicher Ideen«).

Die große Verbreitung von Helmholtz' populärwissenschaftlichen Arbeiten weist darauf hin, dass er mit seinem Bestreben, wissenschaftliche Untersuchungen in einen breiteren philosophischen, ästhetischen und kulturellen Kontext zu stellen, als öffentlicher Repräsentant für den Aufstieg der Wissenschaften in Deutschland in der zweiten Hälfte des 19. Jh.s galt. Diese Rolle hat Helmholtz vor allem in seinen späteren Lebensjahren durchaus bewusst ausgefüllt. GREGOR SCHIEMANN

August Friedrich Leopold Weismann

* 17. Januar 1834 in Frankfurt a. M. (Deutschland)
† 5. November 1914 in Freiburg i. Br. (Deutschland)

1852 Studium der Medizin in Göttingen; 1856 Assistenzarzt an der Städtischen Klinik Rostock; 1859 Feldarzt in Italien; 1860 Studienaufenthalte in Paris und Gießen; 1861 Leibarzt des österreichischen Erzherzogs Stephan; 1863 Habilitation an der Universität Freiburg i. Br.; 1869–1871 Aufenthalt in Italien; 1873 Ordinarius für Zoologie an der Universität Freiburg i. Br.; gehört zu den wichtigsten Popularisatoren der Darwin'schen Selektionstheorie am Ende des 19. Jh.s.

Das Keimplasma. Eine Theorie der Vererbung

Unter den sich mehrenden Versuchen gegen Ende des 19. Jh.s, den Lebenswissenschaften eine gemeinsame, d. h. Zoologie, Botanik und Mikrobiologie umfassende theoretische Grundlage zu geben, war das 1892 erschienene Buch einer der meist diskutierten Beiträge zu einer solchen ›Allgemeinen Biologie‹. Wie die meisten Bücher dieser Gattung kreiste auch es um das Vererbungsproblem, das in der zweiten Hälfte des 19. Jh.s mit den Werken Darwins, Galtons, Spencers, Haeckels und Nägelis in den Mittelpunkt biologischer Forschung gerückt war. Zur Debatte stand, ob Vererbung als eine spezifische Lebenskraft oder als Resultat organischer Strukturen zu verstehen sei, ob der elterliche Körper oder eine spezielle Vererbungssubstanz als Quelle der Vererbungserscheinungen anzusehen sei, und ob, und wenn ja, wo die Vererbungssubstanz lokalisiert werden könne.

Weismann ging es darum, solche Fragen nicht nur formal zu betrachten, sondern »der Wirklichkeit der Vorgänge auf die Spur zu kommen«. Insbesondere Darwin war in seiner Pangenesislehre davon ausgegangen, dass alle Zellen in jedem Lebensstadium winzige ›Keimchen‹ (›gemmules‹) abgeben, diese sich in den Keimzellen konzentrieren und von Generation zu Generation weitergegeben werden. Weismann dagegen arbeitete sich in seiner Theorie an präzisen zytologischen, embryologischen, und morphologischen Beobachtungen ab, um zu Hypothesen über die Architektonik und Mechanik der Vererbung zu gelangen, wobei insbesondere die ungleiche Rolle von Spermium und Eizelle Probleme aufwarf. Das Resultat seiner Überlegungen bestand in der Annahme, dass das Erbmaterial im Zellkern lokalisiert sei und aus molekularen »Biophoren« bestehe, die sich hierarchisch zu »Determinanten«, »Iden« und »Idanten« (Chromosomen) gruppieren. Die Gesamtheit dieses Materials, des »Idioplasmas«, wurde in der Ontogenie zerlegt und ungleich an die Tochterzellen verteilt – ein Vorgang, den Weismann einmal mit den Bewegungen einer Armee verglich (*Die Continuität des Keimplasmas als Grundlage einer Theorie der Vererbung*, 1885). Weismanns theoretischer Anspruch schlug sich in einer Vielzahl von Neologismen und einem verschachtelten Satzbau nieder. Geblieben ist vor allem die Unterscheidung von Soma, d. h. den aus der befruchteten Eizelle sich ausdifferenzierenden Körperzellen, und Keimbahn, d. h. der Zelllinie, die zu den Keimzellen führt. Laut

Weismann gab es keinen Mechanismus, durch den Variationen im Soma gerichtete Variationen im Keimplasma bewirken könnten, und damit war für ihn die sogenannte Vererbung erworbener Eigenschaften ausgeschlossen.

Neben Haeckel kann Weismann als einer der wichtigsten Popularisatoren der Darwin'schen Selektionstheorie im deutschsprachigen Raum gelten. Seine populär gehaltenen *Vorträge über Deszendenztheorie* (2 Bände, 1902) erlebten bis 1913 drei Auflagen. Die Trennung von Soma und Keimbahn sollte zu einem wichtigen Axiom der Genetik werden. Sie wurde insbesondere auch von Rassenhygienikern und Eugenikern herangezogen, um gegen eine Wirksamkeit von Umwelteinflüssen auf die erbliche Konstitution des Menschen zu argumentieren. An beiden Entwicklungen hatte Weismann selbst keinen Anteil mehr: Der jungen Disziplin Genetik stand er skeptisch gegenüber, während sein spekulativer Forschungsstil den Spott von Mendelisten wie Wilhelm Johannsen auf sich zog (*Elemente der exakten Erblichkeitslehre*, 1909). Die Vereinnahmung durch Eugenik und Rassenhygiene wiederum beruhte auf einem Missverständnis, da Weismann selbstverständlich davon ausging, dass auch die Keimbahn äußeren Einflüssen oder »Infectionen« ausgesetzt war (*Die Allmacht der Naturzüchtung*, 1893). STAFFAN MÜLLER-WILLE

Heinrich Hertz

* 22. Februar 1857 in Hamburg (Deutschland)
† 1. Januar 1894 in Bonn (Deutschland)

1878–1883 Physikstudent und Assistent bei Helmholtz in Berlin; Privatdozent in Kiel mit theoretischen Arbeiten zu Materiebegriff und Elektrodynamik; ab 1885 Professor in Karlsruhe, Nachweis elektromagnetischer Schwingungen (Radiowellen) und der Beziehung von Licht und Elektrizität; 1889 Umzug nach Bonn, ab 1892 quälende, letztlich tödliche Nasennebenhöhlenentzündung.

Die Prinzipien der Mechanik in neuem Zusammenhange dargestellt

Kurz vor seinem Tod 1894 sorgte sich der bereits weltberühmte Physiker Heinrich Hertz über sein im gleichen Jahr erschienenes Buch: »Es ist doch ein etwas bängliches Gefühl, mit einer Sache herauszutreten, die man niemals mit keinem Menschen besprochen oder beraten hat.« Dabei interessierte er sich seit den ersten Studententagen für das Thema: »Gerade die Prinzipien der Mechanik, wie schon die Worte: Kraft, Zeit, Raum, Bewegung sagen, können einen hart genug beschäftigen.« Hatte er sich mit elektrodynamischen Theorien und Experimenten einen Namen gemacht, so wagte er nun eine von Grund auf neue Darstellung der Mechanik. Die geometrische Formalisierung sollte dabei zur begrifflichen Klärung beitragen und vor allem erweisen, dass die Physik auch ohne den Grundbegriff der ›Kraft‹ oder ›Energie‹ auskommt. Nur Raum, Zeit und Masse müssen vorausgesetzt und ein einziges Grundgesetz formuliert werden, um für ›Kraft‹, aber auch ›Kausalität‹ zu zeigen, dass es sich um Hilfsmittel der Darstellung handelt, denen in der Natur nichts entsprechen muss.

Immanuel Kant verdankt sich die Zweiteilung der *Prinzipien der Mechanik*. Der erste Teil ist a priori und handelt von Geometrie und Kinematik. Erst im zweiten Teil über die Mechanik der materiellen Systeme tritt die Erfahrung hinzu. Hier formuliert Hertz ein Grundgesetz, das die drei Gesetze Newtons ablöst: »Jedes freie System beharrt in seinem Zustande der Ruhe oder der gleichförmigen Bewegung in einer geradesten Bahn.« Wie Kant geht es auch Hertz um Grenzziehungen. Zunächst wird der ausufernde Kraftbegriff eingeschränkt – die Gravitationskraft kann nun nicht mehr mit Muskel-, Willens- oder Lebenskraft vermengt werden. Allgemeiner jedoch geht es um Grenzen der Erkenntnis und Grenzen der Physik.

Ziel der Physik sei es, Bilder von Naturvorgängen so zu machen, »daß die denknotwendigen Folgen der Bilder stets wieder Bilder seien von den naturnotwendigen Folgen der abgebildeten Gegenstände«. Die Bilder müssen nur diesem einen Kriterium genügen: »Wir können dann in der Tat keine Kenntnis haben, ob die Systeme, welche wir in der Mechanik betrachten, mit den wirklichen Systemen der Natur, welche wir zu betrachten meinen, in irgend etwas anderem übereinstimmen, als allein darin, daß die einen Modelle der anderen sind.« Wenn in der Mechanik mehr als ein Bild das System der Natur modellieren kann, ist das angemessenere, z. B. einfachere Bild vorzuziehen.

Damit ist aber auch eine Grenze der Physik benannt, denn das von

Hertz sparsam konstruierte Modell erfasst nur die unbelebte Natur. Sollten Natursysteme nicht immer auf einer geraden Bahn beharren, sondern belebte Wesen in ihnen Bewegungsimpulse geben, hätte die Physik darüber nichts zu sagen. Hertz hält dies für einen Vorteil. Weil es uns gestattet »das Ganze der Mechanik umfassend zu überblicken, zeigt es uns auch die Grenzen dieses Ganzen«.

Hertz erwartete nicht, dass seine mathematisch aufwendige Darstellung in den Forschungsalltag übernommen würde. Die philosophische Pointe seines Buchs bleibt hiervon aber unberührt: Wer weiter mit Newtons Bild der Mechanik arbeitet, weiß hiermit, dass ›Kraft‹ nur zum Darstellungsapparat dieses Bildes gehört. Einflussreich war *Die Prinzipien der Mechanik* daher vornehmlich in der Philosophie. Nicht nur die leicht lesbare Einleitung fand viele Leser (z. B. Henri Poincaré, Pierre Duhem, Hermann Cohen, Ernst Cassirer und Ludwig Wittgenstein). Dagegen haben Physiker wie Erwin Schrödinger und Albert Einstein aus den *Prinzipien der Mechanik* hauptsächlich die geometrische Darstellungsform gelernt und ansatzweise übernommen.

ALFRED NORDMANN

David Hilbert

* 23. Januar 1862 in Königsberg (Kaliningrad, Russland)
† 14. Februar 1943 in Göttingen (Deutschland)

Studierte Mathematik in Königsberg, dort ab 1892 Professor, ab 1895 Professor in Göttingen; einer der vielseitigsten Mathematiker seiner Zeit; bahnbrechende Beiträge zu Invariantentheorie, Zahlentheorie, Geometrie, Integralgleichungen, Funktionalanalysis, Variationsrechnung, mathematischer Physik, mathematischer Logik und Beweistheorie; öffentliches Eintreten für seine Mathematikauffassung; sein Vortrag über »Mathematische Probleme« auf dem Mathematischen Weltkongress 1900 in Paris wirkt bis heute nach.

Grundlagen der Geometrie

Im letzten Jahrzehnt des 19. Jh.s zog David Hilbert die Konsequenzen aus der Umwertung, die die Geometrie im Laufe jenes Jahrhunderts infolge der Entdeckung der nicht-euklidischen Geometrien und der darauf folgenden Neubegründungen der Mathematik im Geiste der Arithmetisierung und Mengenlehre erfahren hatte. Gleichzeitig griff er die Entwicklung der projektiven Geometrie im 19. Jh. (Möbius, Steiner u.a.) und verschiedene Systematisierungen des neuen geometrischen Wissens (Helmholtz, Cayley, Klein, Pasch) auf.

Die 1899 publizierten *Grundlagen der Geometrie* ähneln durch ihren streng axiomatischen Aufbau Euklids *Elementen*. Ihr Begriff von Axiomatik ist aber nicht mehr derselbe, wie er von Euklid bis in die Generation vor Hilbert galt: Während früher die Axiome Grundwahrheiten über Gegenstände festschrieben, die als gegeben angenommen und allenfalls vorher durch Definitionen eingegrenzt wurden, enthalten die Hilbert'schen Axiome alles, was mathematisch über die in ihnen verwendeten Begriffe zu wissen ist. In diesem Sinne erschaffen und erschöpfen sie die Objekte ihrer mathematischen Disziplin.
So schreibt Hilbert am Anfang der *Grundlagen:* »Wir denken drei verschiedene Systeme von Dingen: die Dinge des ersten Systems nennen wir *Punkte* und bezeichnen sie mit A, B, C …; die Dinge des zweiten Systems nennen wir *Geraden* und bezeichnen sie mit a, b, c …; die Dinge des dritten Systems nennen wir *Ebenen* und bezeichnen sie mit α, β, γ …

Wir denken die Punkte, Geraden, Ebenen in gewissen gegenseitigen Beziehungen und bezeichnen diese Beziehungen durch Worte wie ›liegen‹, ›zwischen‹, ›kongruent‹; die genaue und für mathematische Zwecke vollständige Beschreibung dieser Beziehungen erfolgt durch die *Axiome der Geometrie*.«

Abgesehen von dieser Wende der Axiomatik und der damit verbundenen Vorreiterrolle für die Philosophie der mathematischen Moderne und für die Axiomatisierung anderer mathematischer Disziplinen und der Physik verdankt Hilberts äußerst konzise Schrift ihre Bedeutung – und ihre 14 Auflagen im Laufe eines Jahrhunderts – vor allem der tief greifenden logischen Durcharbeitung des Stoffes. So werden die Axiome in fünf Gruppen geschieden: Axiome der Verknüpfung (z. B. »2 verschiedene Punkte bestimmen eine Gerade«), Axiome der Anordnung (die die Redeweise »B liegt zwischen A und C« regeln), Axiome der Kongruenz (Vergleich von Streckenabschnitten sowie Winkeln), das Parallelenaxiom (in Playfairs Variante von Euklids Formulierung) und schließlich zwei Stetigkeitsaxiome: das archimedische Axiom und das (erst ab der französischen Übersetzung 1900 und der zweiten deutschen Auflage 1903 hinzugefügte) Vollständigkeitsaxiom, dessen Formulierung wie ein Vorgriff auf die etwa ein Vierteljahrhundert jüngere Modelltheorie erscheint. Die Scheidung der Axiomengruppen sowie die Unterscheidung zwischen linearen, ebenen und räumlichen Axiomen suggerieren neue, differenziertere Fragen an das Gewebe der geometrischen Sätze. So werden die sogenannten Sätze von Pascal und Desargues zum Kriterium zwischen ebener und räumlicher Geometrie. Schon vorher hat Hilbert Widerspruchsfreiheit und Unabhängigkeit der angegebenen Axiome mithilfe verschiedener raffiniert konstruierter Beispielgeometrien nachgewiesen.

In der Nachfolge Descartes' – aber mit Bezug auf den Zahlbegriff des ausgehenden 19. Jh.s – analysiert Hilbert eingehend die Möglichkeit, in geeigneten Geometrien Koordinaten einzuführen (»Streckenrechnung«). Das oben erwähnte Vollständigkeitsaxiom macht die Geraden zu Kopien des reellen Zahlenkontinuums, und die Beweisbarkeit des Pascal'schen Satzes bekommt einen algebraischen Sinn (Kommutativität der Streckenmultiplikation). Auch differenziert

Hilbert fein bei Konstruktionsproblemen – etwa zwischen der Konstruierbarkeit mit Zirkel und Lineal und derjenigen mit Lineal und Eichmaß.

Obwohl Hilberts *Grundlagen der Geometrie* sehr viel genuin anschaulich-geometrische Konstruktionsideen durchführen und teilweise aus Vorlesungen für angehende Lehrer hervorgegangen sind, markieren sie eine neue Epoche der Geometrie, in der ein ganzer Fächer verschiedener formaler geometrischer Theorien in innige Beziehung zu arithmetisch-algebraischen Strukturen tritt.

NORBERT SCHAPPACHER

Sigmund Freud

* 6. Mai 1856 in Freiberg (Pribor, Tschechien)
† 23. September 1939 in London (Großbritannien)

Ab 1873 Studium der Medizin in Wien; 1881 Promotion; Habilitation in Neurologie, 1885/86 Studienaufenthalt in Paris bei Charcot; ab 1886 neurologische Praxis; ab 1887 Neurosentherapie in enger Zusammenarbeit mit Josef Breuer (vgl. Freud/Breuer), 1895 gemeinsame Veröffentlichung der *Studien über Hysterie*; 1900 *Die Traumdeutung*; 1902 Ernennung zum außerordentlichen Professor und Gründung der ›Mittwoch-Gesellschaft‹, der späteren ›Wiener Psychoanalytischen Vereinigung‹; 1910 Gründung der ›Internationalen Psychoanalytischen Vereinigung‹; 1938 Emigration nach London; tief greifender Einfluss auf sämtliche Bereiche anthropologischer Forschung durch die ›Entdeckung‹ des Unbewussten als wesentlicher Grundlage aller psychischen Vorgänge.

Die Traumdeutung

Die Grundlegung der Psychologie des Unbewussten erschien 1900. Seit den 1880er Jahren hatte Freud versucht, Hysterien und Zwangsneurosen aufzuklären und für sie eine spezifische Therapie zu finden. Symptome imponierten als somatische Leiden ohne organischen Befund; sie nahmen sich wie Natur-Phänomene aus, ohne es doch zu sein. Freud war auf die Sphäre bewusstlos erzeugter und darum revidierbarer Produktionen der Seele und der Kultur gestoßen, deren Zwangsgewalt daraus resultiert, dass Individuen und Kollektive sich ihrer Autor- und Trägerschaft nicht (mehr) bewusst sind und den chiffrierten ›Sinn‹ ihrer Produkte nicht (mehr) verstehen. Für »soziale Leiden« (S. Ferenczi) wie die Neurosen war in naturwissenschaftlich ausgerichteter Medizin kein Platz; Freud musste darüber hinausgehen. Psychoanalyse findet ihr Ziel nicht in der Auffindung von ›objektiven‹ Gesetzmäßigkeiten menschlichen Verhaltens, sondern in der Auflösung jener Wiederholungszwänge. Das Subjekt wird als ›Autor‹ gewürdigt.

Freud verzichtete auf hypnotische Praktiken und bildete das kathartische Verfahren der ›talking cure‹ (Anna O.) zu einer ›Technik des freien Einfalls‹ um. Patienten werden ermutigt, ihren Assoziationen freien Lauf zu lassen, die Selbstzensur herabzusetzen und auch peinliche Gedanken mitzuteilen. Dieser ›psychoanalytischen Grundregel‹ folgend, erzählten Freuds Klienten ihm auch Träume, die er therapeutisch zu verwerten lernte. Die (dialogische) Deutung der freien Einfälle führte in der Regel zurück auf verstörende Kindheitstraumen, und zwar auf nachträglich ausphantasierte, inzestuöse Verführungsszenen als ›Quellen‹ neurotischer Störung.

Die Hypothese, dass Träume den Charakter von Wunscherfüllungen haben und ihre Struktur der von neurotischen Symptomen gleicht, bewährte sich in der Analyse von 50 eigenen Träumen und von etwa 150 Traumerzählungen anderer. Resultat der Untersuchung war eine neue Psychologie im VII. Kapitel der *Traumdeutung*. Dabei handelt es sich um »Erwägungen über den Aufbau des seelischen Apparats«, nachdem es gelungen war, »durch die Traumdeutung wie durch eine Fensterlücke in das Innere [dieses Apparats] einen Blick [zu] werfen«.

Freud hat sein Vorhaben – mit Anklang an Schelling – folgendermaßen formuliert: »Wir gehen in der wissenschaftlichen Betrachtung des Traumes von der Annahme aus, daß der Traum ein Ergebnis unserer eigenen Seelentätigkeit ist; doch erscheint uns der fertige Traum als etwas Fremdes, zu dessen Urheberschaft zu bekennen es uns so wenig drängt, daß wir ebenso gerne sagen: ›Mir hat geträumt‹ wie: ›Ich habe geträumt.‹ Woher rührt diese ›Seelenfremdheit‹ des Traumes?« Die Unverständlichkeit des ›manifesten Trauminhalts‹, an der ältere Traumtheorien gescheitert waren (Kap. I), begreift Freud als verhüllenden ›unwesentlichen Schein‹, als Produkt von Zensur, Fälschung und Stilisierung. Kristallisieren sich freie Assoziationen um Teilstücke des manifesten Trauminhalts, dann wird die ursprüngliche Bedeutung dieser Traumelemente ebenso deutlich wie die Arbeitsweise der inneren Zensur (Verdichtung, Verschiebung, Isolierung, Verkehrung ins Gegenteil usw.).

Der Traumdeuter macht die Traumarbeit rückgängig und rekonstruiert aus den Komponenten des manifesten Textes, die er Stück für Stück rückübersetzt, das ihm zugrunde liegende ›Original‹: die ›latenten Traumgedanken‹. Zwischen dem, was im Wachen beiseitegeschoben und nicht abgeschlossen werden konnte (›Tagesreste‹)

und dem, womit Menschen lebensgeschichtlich nicht fertig wurden – verdrängten, wilden Begierden, die im Unbewussten fortleben –, besteht geheime Affinität. Im Schlaf, wenn die Gefahr eines Durchbruchs ins Bewusstsein und zur Motilität ausgeschaltet ist, heften die Triebwünsche sich als Traumquellen an die Tagesreste und erzeugen Wunschbilder ungehemmter Triebbefriedigung (Kap. V). Da aber zwischen dem ›Vorbewussten‹, also dem Bewusstseinsfähigen, und dem Unbewusst-Verdrängten auch im Schlafzustand noch die ›Zensur‹ waltet, nimmt der Traum die Gestalt einer »(verkleideten) Erfüllung eines (unterdrückten, verdrängten) Wunsches« an (Kap. III). Halluzinierte Wunscherfüllungen sollen der drohenden Störung des Schlafs durch Tagesreste entgegenwirken. Die Wünsche bleiben freilich dem Träumer unbekannt; im Erwachen vermag er nur wenige Bruchstücke einer bis zur Unkenntlichkeit entstellten, in Bilderschrift abgefassten, phantastischen Geschichte zu erinnern. Der verdrängte Wunsch, schreibt Freud, »das Abgewehrte ist immer die Sexualität«.

Die Kulturgeschichte ist eine Geschichte der Selbstdomestikation. Jede Gesellschaft ›wirtschaftet‹ mit luxurierenden Triebenergien und reproduziert sich, indem sie ihnen Verzichtsleistungen abpresst, bestimmte Befriedigungen gewährt und sie mit ›Trostmitteln‹ versieht (die vor allem aus Teilhabe an den in Kunst und Religion gestalteten ›Kulturidealen‹ resultieren). Wilde Wünsche, die mit jeder neuen Generation wieder auferstehen, schießen über jedes kulturelle Arrangement von Verzicht und Kompensation hinaus; diesen Antagonismus kann die Kultur nicht fortschaffen, sondern nur transformieren. In ihrer Sozialisation rekapitulieren die Individuen diese Transformationen, die Geschichte der Seele. Am jeweiligen historischen Verhältnis von Versagung und Befriedigung arbeiten sie sich ab, suchen im Wachen wie im Traum unermüdlich neue Kompromisslösungen. Zahllose Individuen werden leidend von der Kultur überfordert und finden in Kunst und Religion keinen Trost. Sie kreieren in ihrer Not jene »Privatreligionen« (Freud), die wir Neurosen nennen. Freud wollte über eine Kultur hinauskommen, die zahllose Menschen ins Unglück stürzt und zu ihrer Reproduktion der Pogrome und Massaker bedarf. Die kritische Theorie kultureller Entwicklung, die er später erst explizierte, lag implizit schon seiner neuen Psychologie und Neurosentherapie zugrunde.

Da sie dem ›common sense‹ ihrer Zeit widersprach, hat sich die Psychoanalyse nur langsam und partiell durchsetzen können. Totalitäre Regimes haben Psychoanalytiker verfolgt und ihre Theorien verpönt. Die Flucht der Mehrheit der deutschen und österreichischen Psychoanalytiker nach England und in die USA hat dort zu einer Popularisierung und Simplifizierung der Freud'schen Lehren geführt. Auf Psychotechnik reduziert, ging die Psychoanalyse ein Bündnis mit Psychiatrie und Neurologie ein. War ihr auf diese Weise ein Welterfolg beschieden, so verlor sie zugleich doch an »Weltinteresse« (Freud). Während die Frankfurter Schule die Freud'sche mit der linkshegelianischen Ideologiekritik und mit Nietzsches ›Heterodoxien‹ verschmolz, erkennt die Mainstream-Soziologie in Freud noch immer nicht einen ihrer Klassiker. Die französischen Surrealisten haben seine Theorie des Träumens als Poetik gelesen; durch ihre Vermittlung hat die Psychoanalyse auf Literatur, Kunst und Film des 20. Jh.s Einfluss genommen. HELMUT DAHMER

Charles Scott Sherrington

* 27. November 1857 in Islington/London (Großbritannien)
† 4. März 1952 in Eastbourne/East Sussex (Großbritannien)

1881–1883 Natural Sciences Tripos in Cambridge; 1884 Medizinstudium in London; 1885–1887 Forschungsaufenthalte in Frankreich, Spanien, Italien und Deutschland; 1887 Fellow of Gonville and Caius College, Cambridge; 1889–1905 Secretary of the Physiological Society; 1893 Fellow of the Royal Society (London); 1895 Holt Professor of Physiology, Liverpool; 1904 Siliman Lectures (*The Integrative Action of the Nervous System*); 1913 Waynfleete Professor of Physiology, Oxford; 1920–1925 President of the Royal Society (London); 1932 Nobelpreis für Medizin (gemeinsam mit Edgar Douglas Adrian); 1937/38 ›Gifford Lectures‹ (*Man on his Nature*).

Die zusammenführende Funktionsweise des Nervensystems / The Integrative Action of the Nervous System

Mit dem 1906 erschienenen Werk, das aus den im Frühjahr 1904 an der Yale University gehaltenen ›Siliman Lectures‹ hervorgegangen war, legte der Autor das Fundament für die moderne, neurowissenschaftliche Beschreibung der Funktionsweise des Nervensystems. Er gibt darin eine detaillierte und umfassende Analyse seiner zahllosen Experimente zur Koordination von Erregung (Sensorik) und Bewegung (Motorik). Konzeptioneller wie methodischer Ausgangspunkt ist dabei der nur scheinbar einfache Reflex, der eine zwar unwillkürlich ablaufende, aber gleichwohl komplexe und präzise koordinierte Tätigkeit des Nervensystems darstellt, die Sherrington zum Modell für die Funktionsweise des Nervensystems insgesamt diente. Keineswegs nämlich löst ein Reiz wie z. B. ein Schlag unterhalb der Kniescheibe unmittelbar die Kontraktion des Beinstreckers aus; vielmehr stellt diese Reaktion trotz ihrer Schnelligkeit eine vom Rückenmark exakt kontrollierte und sorgfältig orchestrierte Antwort des Nervensystems dar.

Wie Sherringtons Studien gezeigt haben, registriert das Rückenmark einen Dehnungsreiz wie den Schlag auf die Streckersehne über spezielle, im Muskel selbst lokalisierte Sinneszellen – ein dem

Bewegungsapparat eigenes Sinnessystem, dessen Impulse gegenläufig vom Muskel zum Rückenmark im Nerv laufen. Auf diesem Weg löst das Reizsignal im Rückenmark einen (zweiten) Impuls zur Kontraktion des Beinstreckers aus, aber daneben auch eine Hemmung bzw. Entspannung der gegenteilig wirkenden Muskelgruppen. Die reflektorische Beinstreckung ist also Ausdruck einer vom Rückenmark gesteuerten Balance von erregenden und hemmenden Nervenimpulsen. Selbst noch im Zustand scheinbarer Ruhe verarbeiten die Nervenzellen im Rückenmark permanent tausende von Nachrichten zu einem kontinuierlich austarierten Gleichgewicht von Erregung und Hemmung, aus dem erst das geschmeidige Zusammenspiel der unwillkürlichen wie willkürlichen Bewegungen als gestufte Integration einfacher Reflexe zu immer komplexeren Handlungsmustern hervorgeht. Für Sherrington ist das Nervensystem also keine fest installierte Reiz-Reaktions-Maschine, sondern eine Art »Telefonzentrale, die trotz der festen Ausgangs- und Endpunkte die Verbindungen von Moment zu Moment neu schaltet«.

Wie Sherrington im berühmten Vorwort zur zweiten Auflage von 1947 – einem der prägnantesten Texte zum Körper-Geist-Verhältnis überhaupt – selbst einräumte, stellen Reflexbewegungen allerdings nur einen kleinen Ausschnitt der Tätigkeit des Nervensystems dar, der obendrein entlang dem evolutionären Entwicklungsgrad der Wirbeltiere weiter abnimmt. Aber nur Reflexbewegungen ließen sich, so Sherrington, wissenschaftlich exakt und »ohne Störung durch die Psyche« studieren. Das geschah in den meisten Experimenten auf eine forsche Weise, nämlich mittels der Durchtrennung des Rückenmarks unterhalb des Gehirns, der sogenannten Decerebration, denn erst nach dieser Befreiung des Rückenmarks von der Kontrolle durch das Gehirn ließen sich die dort wirkenden automatischen und unbewussten Regelkreise in ihrer Funktionsweise beobachten. Diese experimentalpraktische Trennung von Nervensystem und Seele entsprach wohl durchaus den philosophischen Grundansichten von Sherrington, der später mit Ausführungen über den Altruismus und die Unverzichtbarkeit moralischer Werte in seinen ›Gifford Lectures‹ (*Man on his Nature*) berühmt wurde. Gleichwohl wäre es vorschnell, in dieser Haltung nur den typischen Cartesianismus eines konservativen Naturwissenschaftlers zu erkennen – Sherrington war viel zu sehr Hirnforscher, um einem Dualismus direkt das Wort zu reden. Sein Insistieren auf einer Sonderstellung der Psyche meinte vor allem eine Absage an voreilige Hoffnungen, mittels neurowissenschaftlicher Theorien die Welt des Geistes buchstäblich zu erledigen.

CORNELIUS BORCK

Jules Henri Poincaré

* 29. April 1854 in Nancy (Frankreich)
† 17. Juli 1912 in Paris (Frankreich)

1873–1877 Studium an der École polytechnique und an der École des Mines; 1879 Promotion an der Universität Paris; Lehrtätigkeit in mathematischer Analysis in Caen und Paris, ab 1885 auch auf verschiedenen Gebieten der Physik; 1887 Mitglied der Académie française; trug Grundlegendes zur Funktionslehre, Zahlenlehre, Theorie der Differentialgleichungen, Himmelsmechanik und zur algebraischen Topologie bei; gilt als Begründer und Hauptvertreter des modernen Konventionalismus in der Wissenschaftstheorie.

Wissenschaft und Methode / Science et méthode

Die 1908 erschienene Sammlung von Aufsätzen und Reden behandelt Methoden und Ziele der Wissenschaft sowie zeitgenössische Probleme der Mathematik und Physik ebenso allgemein verständlich wie psychologische und pädagogische Fragen.

Die Methode der Wissenschaft besteht Poincaré zufolge darin, einfache wiederholbare Tatsachen in Gesetze zu fassen. Indem diese Gesetze in ähnlicher Form auch in anderen Gebieten gefunden werden, bildet sich eine einheitliche Ordnung der Natur heraus, eine Harmonie von Teil und Ganzem, in deren »intellektueller Schönheit« Poincaré das Ziel und den Antrieb der Wissenschaft sieht. Erkenntnis werde als Selbstzweck angestrebt, stehe aber zugleich im Einklang mit ihrem praktischen Nutzen.

Wesentliches Element der Erkenntnis ist nach Poincaré die Intuition, da sie es erlaube, »sowohl das Ganze wie auch zu gleicher Zeit die Details zu überblicken«. Zudem spiele sie im »psychologischen Mechanismus der Erfindung«, der auf einer teils »bewußten«, teils »unbewußten Arbeit« beruhe, eine zentrale Rolle, weil sie nur ins Bewusstsein treten lasse, was der gesuchten Lösung nahekommt. Schließlich verknüpfe die Intuition Theorie und Erfahrung, abstrakte Erkenntnis und alltagsweltliche Vorstellungen. Poincaré vertritt daher die pädagogische Forderung, der Mathematikunterricht solle von alltäglichen Erfahrungen ausgehen, um behutsam zur mathematischen

Abstraktion vorzudringen, deren Anwendung und Nutzen im Alltag jedoch stets deutlich bleiben müsse. Poincaré selbst, geprägt von der Ingenieurstradition der École Polytechnique, verband seine mathematisch-physikalische Forschung mit der Tätigkeit für zahlreiche wissenschaftliche Institutionen und war unter anderem maßgeblich an den Vorhaben der Geodäsie (Erdvermessung) beteiligt, von denen er in *Science et méthode* berichtet.

In mehreren Aufsätzen wendet sich Poincaré mitunter polemisch gegen zeitgenössische Versuche, die Mathematik ausschließlich auf der formalen Logik zu begründen. Er beruft sich auf Kant, wenn er für die Notwendigkeit von Intuition und Anschauung in der Begründung der Axiome und der logischen Beweisführung argumentiert, löst sich aber von Kants Orientierung an der euklidischen Geometrie. Die sogenannten Logistiker Bertrand Russell und Louis Couturat stützen sich nicht minder frei auf Leibniz und setzen sich vor allem in der Mathematik mit dem Erscheinen von Russells und Alfred North Whiteheads *Principia mathematica* von 1910 bis 1913 durch.

Poincaré geht es in dieser Debatte nicht nur um die logische Begründung der Erkenntnis, sondern auch um die psychologische Dimension des Erkennens. Auch in seinen Aufsätzen zur Physik rückt er mit den Verfahren der Messung die praktischen Möglichkeiten, etwas zu wissen, in den Vordergrund. Er stellt daher Newtons absoluten Raum in Frage und nähert sich wie schon in früheren Texten in *Science et méthode* eigenständig der speziellen Relativitätstheorie Albert Einsteins von 1905, deren Erfolg Poincarés Ansätze jedoch in den Schatten gestellt hat. Dagegen nehmen seine Erörterungen des Zufalls einen Gedanken vorweg, der erst durch die Theorie dynamischer Systeme (Chaostheorie) bekannt gemacht wurde: In bestimmten deterministischen Systemen, wie z. B. dem Wetter, können beliebig kleine Abweichungen in der Ursache erhebliche Unterschiede in den Wirkungen nach sich ziehen. Da jede Ursache nur annäherungsweise gemessen werden kann, ist die Wirkung zufällig und das System chaotisch.

Mit *Science et méthode* hat Poincaré zu den Diskussionen in Mathematik und Physik beigetragen, mit deren Popularisierung und seinen philosophischen und psychologischen Überlegungen aber vor allem in einer breiten Öffentlichkeit gewirkt. ARNO SCHUBBACH

Alfred Lothar Wegener

* 1. November 1880 in Berlin (Deutschland)
† November 1930 auf dem grönländischen Inlandeis

1899–1904 Studium der Naturwissenschaften; 1906–1908 Grönland-Expedition unter L. Mylius-Erichsen; 1909–1919 Privatdozent in Marburg; 1912–1913 Durchquerung Nordgrönlands mit J. P. Koch; 1919–1924 an der Deutschen Seewarte in Hamburg; 1924–1930 Professor für Geophysik und Meteorologie in Graz; 1930/31 Initiator und Leiter der Deutschen Grönland-Expedition, auf der er umkam.

Die Entstehung der Kontinente und Ozeane

Dass die Küstenkonturen von Amerika und Europa/Afrika auf beiden Seiten des Atlantischen Ozeans große Ähnlichkeiten aufweisen, haben unter anderem schon Francis Bacon und Alexander von Humboldt thematisiert. Über die Möglichkeit eines Auseinanderdriftens war schon vor Wegener spekuliert worden, wovon er aber keine Kenntnis hatte. Das Besondere bei ihm war die globale sowie geophysikalische Betrachtungsweise, womit ein neues Kapitel der Erdforschung eröffnet wurde. 31-jährig trat er mit seiner These in Vorträgen und Aufsätzen vor die Fachöffentlichkeit. Die Resonanz reichte von begeisterter Zustimmung bis unverhohlener Ablehnung. Eine nachhaltige Anerkennung seiner Hypothese erfuhr er kurz vor Kriegsbeginn 1914 im Angebot des renommierten Vieweg Verlages, sie zu veröffentlichen. Schon ein Jahr später erschien das Buch trotz Einberufung des Autors und seinen 1914 erlittenen Kriegsverletzungen.

Ausführlich demontierte Wegener die damals vorherrschende Erklärung für die Gestaltung der Erdoberfläche. Die Kontraktionstheorie basierte auf der Vorstellung, dass im Zuge der allmählichen Abkühlung der Erde die oberste Kruste Falten wirft wie bei einem vertrocknenden Apfel. Darauf gekommen war man angesichts der großen Faltengebirge. Dem widerspricht aber die vielfach beobachtete Ähnlichkeit von Gesteins- und Fossilienfunden z. B. beiderseits des Atlantiks. Auch die Argumentation, dass dazwischen Kontinentalbrücken abgetaucht wären, lässt sich anhand der bei der Verlegung von transozeanischen Telefonkabeln gewonnenen Erkenntnisse nicht belegen. Da die Verteilung der Erdoberfläche unterhalb und oberhalb des Meeresspiegels zwei ausgeprägte Maxima in 4700 m Tiefe und 100 m Höhe hat, ging Wegener davon aus, dass Kontinente (»Sial«) und Tiefseeboden (»Sima«) eine unterschiedliche Geschichte und unterschiedliche physikalische Eigenschaften haben. Ihre Ergründung füllt den Hauptteil des Buches. Eine Antwort wird nicht präsentiert, aber zahllose Einzelfakten rund um den Globus werden zusammengetragen und diskutiert.

Wegen der großen Nachfrage erschienen 1920 und 1922 jeweils neu bearbeitete Auflagen. Die zweite wurde in die wichtigsten europäischen Sprachen übersetzt. Eine weitgehend neue und umfangreichere Fassung ging 1929 in Druck, in der die Argumente für die Verschiebungstheorie mit Belegmaterial aus den verschiedensten Sparten der Naturwissenschaften (Geodäsie, Geophysik, Geologie, Paläontologie und Paläoklimatologie) untersucht wurde.

Nach dem Tod von Wegener spaltete sich die Wahrnehmung seiner Hypothese: die eine Fraktion glaubte mehrheitlich an das, wenngleich noch nicht bewiesene, Bild der Kontinentdrift; deren Gegnern aus dem eigentlich dafür zuständigen Fach, insbesondere in den USA, waren dafür keine Mechanismen vorstellbar. Eine Neubelebung der Diskussion und dann weitgehende Bestätigung erfolgte nach Messungen in den 1960er Jahren. Sie zeigten im Tiefseegestein ein Streifenmuster wechselnder magnetischer Ausrichtung parallel zu den mittelozeanischen Rücken, die in allen Ozeanen gefunden wurden. Das heißt, dass dort ständig neuer Ozeanboden, genannt ›sea floor spreading‹, entsteht. Die großen Kontinente werden mitgeführt oder auch in Bruchzonen gespalten; ursächlich dafür sind Bewegungen im Erdmantel. Erdwissenschaftlich steht dafür der Begriff Plattentektonik. WALTER LENZ

Albert Einstein

* 14. März 1879 in Ulm (Deutschland)
† 18. April 1955 in Princeton/N. J. (USA)

Studium der Physik und Mathematik in Zürich; 1902–1909 Technischer Vorprüfer am Patentamt Bern; 1907 Habilitation in Bern; in dieser Zeit Entwicklung der speziellen Relativitätstheorie, mit der er die klassisch-mechanischen Vorstellungen einer absoluten Zeit und eines absoluten Raumes modifizierte; 1909–1913 Professor in Zürich und Prag; 1914 Direktor des Kaiser-Wilhelm-Instituts für Physik in Berlin, dort 1915 Vorstellung seiner allgemeinen Relativitätstheorie, die dem physikalischen Raum eine neue (gekrümmte) Geometrie gab und die 1919 experimentell bestätigt wurde; 1921 Nobelpreis für Physik für die Einführung des Begriffs der Lichtquanten und seine Arbeiten auf dem Gebiet der theoretischen Physik; 1932 Emigration in die USA; Mitglied des Instituts for Advanced Studies in Princeton; 1939 Brief an den US-amerikanischen Präsidenten Roosevelt, mit dem die Entwicklung von Atomwaffen in Gang kam; 1945 Gründer und Präsident des Emergency Committee of Atomic Scientists für die friedliche Nutzung der Atomenergie.

Über die spezielle und allgemeine Relativitätstheorie. Gemeinverständlich

In dieser Monographie fasste der Autor 1917 seine Theorien von Raum, Zeit und Schwerkraft zusammen, die das physikalische Weltbild grundlegend geändert haben. Ganz so »gemeinverständlich«, wie es im Untertitel heißt, kann der Text jedoch nicht gewesen sein. Alfred Döblin z. B. reagierte heftig in seiner Besprechung im Berliner Tageblatt: »Dieses kleine Buch hat mir keine Anregung, aber viel Verwirrung und Ärger gebracht. Es begann scheinbar populär; nach einigen Seiten brachen die Formeln los, die infamen kabbalistischen Zeichen der Mathematik.« Dennoch hat das Büchlein bis auf den heutigen Tag zahlreiche Auflagen erlebt.

Zuerst erklärt Einstein seine »Spezielle Relativitätstheorie« (SRT) von 1905 ausgehend von der Erfahrung, dass Bewegung von Körpern nur als Relativbewegung gegenüber anderen (Bezugs-)Körpern festgestellt werden kann. Unter den Bezugskörpern haben die zueinander geradlinig-gleichförmig bewegten (kräftefreien) Körper eine Vorzugsstellung: Für die Newton'sche Mechanik spielt es keine Rolle, auf welche von ihnen das physikalische Geschehen bezogen wird (Relativitätsprinzip). Ob dieses Prinzip auch noch bei Geschwindigkeiten von der Größe der Vakuum-Lichtgeschwindigkeit c gelte, wie sie in der Elektrodynamik vorkommen, war fraglich. Einstein behauptete dies und nahm zudem an, dass die Lichtgeschwindigkeit c die maximal erreichbare Signalgeschwindigkeit und von der Bewegung der Lichtquelle unabhängig ist. Den scheinbaren Widerspruch (aus der Addition der Geschwindigkeiten) beseitigte er durch eine Analyse des Gleichzeitigkeitsbegriffs. Der französische Mathematiker Henri Poincaré hatte sich schon 1898 gefragt, wie Gleichzeitigkeit für Uhren an verschiedenen Orten hergestellt werden könnte und dazu ein Verfahren mittels Hin- und Hersenden von Lichtsignalen angegeben.

Bis zum Ende des 19. Jh.s war die Unabhängigkeit der Längen- und Zeitmessung von der Relativgeschwindigkeit der Messinstrumente gegenüber dem auszumessenden Körper/Zeitablauf vorausgesetzt worden. Nach der Ausdehnung des Relativitätsprinzips auf die Elektrodynamik erwies sich dies als falsch. Aus der SRT folgen Effekte wie Zeitdilatation und Längenkontraktion: Erstere bedeutet, dass für denselben Vorgang eine schnell bewegte Uhr ein längeres Zeitintervall anzeigt als eine ruhende Uhr; Letztere, dass ein gegenüber einem Stab bewegter Beobachter dessen Länge kürzer misst als seine Ruhelänge beträgt. Zudem wird die träge Masse m geschwindigkeitsabhängig und kann nicht auf Überlichtgeschwindigkeit beschleunigt werden. Aus der SRT ergibt sich auch die Äquivalenz von Energie E und träger Masse m, $E = mc^2$, die zur Möglichkeit der Umwandlung von Masse in Energie führt (Kernfusion). Eine Anwendung der SRT im Alltag findet sich im GPS-Navigationssystem. Während vor der SRT Zeitachse und euklidischer Raum getrennt behandelt wurden, fügte der Mathematiker H. Minkowski 1908 beides zusammen zur vierdimensionalen sogenannten Minkowski-Geometrie der Raum-Zeit. Diese bildet den Rahmen für die relativistische Physik (Elementarteilchen, Quantenfeldtheorie). Ein Einfluss der Materie auf die Geometrie besteht in der SRT nicht.

Im zweiten Teil des Buches legt Einstein die »Allgemeine Relativitätstheorie« (ART) von 1915 dar. Die bevorzugte Rolle der gegeneinander geradlinig-gleichförmig bewegten Bezugskörper in der SRT störte ihn: Relativ zu beschleunigten Körpern – wie etwa rotierenden – sollte sich die Physik genauso gut beschreiben lassen: daher ›allgemeine‹ statt ›spezielle‹ Relativitätstheorie. Einsteins Analyse einer rotierenden Scheibe ließ ihn erkennen, dass die Raumgeometrie nicht euklidisch sein kann. Sein Ansatz führte zu einer Theorie der Schwerkraft (Gravitation), welche die Auffassung von Raum und Zeit erneut veränderte. Bei beschleunigt bewegten Bezugs-Körpern treten zusätzlich zu den vorgegebenen Kräften Trägheitskräfte auf, in einem Karussell etwa die Fliehkraft. Einstein bemerkte, dass sich Trägheitskräfte und die Schwerkraft lokal aufheben können. Dies ist wegen der Gleichheit von träger und schwerer Masse eines Körpers möglich (Äquivalenzprinzip). Die schwere Masse ist die Quelle des Schwerefelds; in der Elektrodynamik entspricht ihr die elektrische Ladung. Ein anschauliches Beispiel bietet eine um die Erde kreisende Raumfähre: Die Schwerelosigkeit in ihr folgt aus der Kompensation der Gravitationsanziehung durch die Fliehkraft. In der Umgebung eines Körpers, in der das Schwerefeld als homogen angesehen werden kann, lässt sich demnach durch Übergang zu geeigneten Bezugskörpern dessen Wirkung ausschalten. Damit musste die ART so gebildet werden, dass lokal die Geometrie der SRT gilt. Als Beispiel diente die gekrümmte Kugeloberfläche, die sich in jedem ihrer Punkte durch eine Ebene (»Tangentialraum«) berühren lässt. In der vierdimensionalen Raum-Zeit entspricht dieser flachen Ebene der Minkowski-Raum als Tangentialraum.

Im 19. Jh. hatte der Mathematiker B. Riemann solche Geometrien studiert, und der Mathematiker M. Grossmann schlug Einstein deren Verwendung für die Raum-Zeit vor. Die Theorie zeigt, dass an einem Ort zu einer Zeit ein Schwerefeld vorliegt, wenn dort eine nicht verschwindende Krümmung der vierdimensionalen Raum-Zeit vorhanden ist. Die Einstein'schen Feldgleichungen stellen einen Bezug her zu der Riemann'schen Metrik, die die zeitlichen und räumlichen Abstände erfasst. Aus diesen Gleichungen folgen neue Effekte auf der Erde (»der Uhrengang hängt vom Schwerefeld ab«) wie auch im

Planetensystem (»Lichtablenkung an der Sonne«, »Rosettenbahn des Planeten Merkur statt der Keplerellipse«). Detektoren suchen intensiv nach den von der ART vorhergesagten Gravitationswellen.

Auch die großräumige Materieverteilung in Form von Galaxien und Haufen von Galaxien kann durch kosmologische Modelle der ART beschrieben werden; das erste stammt von Einstein selbst (1917) und ist in späteren Auflagen des Buches mitbesprochen. Heute wird ein sich aus einem hochkomprimierten Zustand (Urknall) durch unaufhörliche Expansion (Auseinanderdriften der Galaxien) entwickelndes Universum bevorzugt.

Standen für Kant die Begriffe Zeit und Raum als Voraussetzungen der Erfahrung unabänderlich fest (Zeit absolut; Raumgeometrie euklidisch), so zeigen Einsteins Relativitätstheorien, dass die Ausmessung von Raum und Zeit von der Geschwindigkeit der Messinstrumente sowie von Eigenschaften der Materieverteilung in Raum und Zeit abhängt. HUBERT GOENNER

D'Arcy Wentworth Thompson

* 2. Mai 1860 in Edinburgh/Schottland (Großbritannien)
† 21. Juni 1948 in St. Andrews/Schottland (Großbritannien)

Studierte 1877 in Edinburgh Medizin, ab 1880 am Trinity College in Cambridge Zoologie, außerdem klassische griechische Philologie; 1884 Professur für Biologie in Dundee; 1917 Wechsel nach St. Andrews; u.a. Übersetzer der biologischen Schriften des Aristoteles.

Über Wachstum und Form / On Growth and Form

Das erstmals 1917, in einer erweiterten und überarbeiteten Neuausgabe 1942 publizierte Buch gilt als das grundlegende Werk der quantitativen Biologie. Als solches hat es bis heute nichts von seiner Aktualität eingebüßt, wovon auch zahlreiche Neuauflagen und Neuübersetzungen zeugen. Es beschreibt die Phänomene und Prozesse der Form- und Musterbildung bei Tieren, Pflanzen und Zellen mit grundlegenden mathematischen Methoden. Diese Perspektive erlaubt ein von dem Funktionalismus der Darwin'schen Evolutionstheorie verschiedenes Verständnis biologischer Phänomene, da die den biologischen Formen zugrunde liegenden Prozesse hier im Rahmen der mathematischen Physik und nicht der natürlichen Selektion behandelt werden.

Thompsons Zugang zur Theorie der Biologie steht ganz in der Tradition Kants. Wie er in der Einleitung ausführt, sieht er sich dem Kant'schen Kriterium verpflichtet, dass eine wahre Wissenschaft die ist, die sich auf mathematische Gesetzmäßigkeiten zurückführen lässt. In diesem Sinne beschreibt Thompson dann die verschiedensten Wachstums- und Formbildungsprozesse als einfache mathematische Relationen und die Vielfalt biologischer Formen mit den Hilfsmitteln der Geometrie. Sein Zugang ist dabei fast ausschließlich deskriptiv. Er zeigt, inwieweit biologische Formen sich mit mathematischen Mitteln rekonstruieren lassen, ohne auf die zugrunde liegenden kausalen Beziehungen einzugehen. Diese Form der Beschreibung und die darauf aufbauenden Analogieschlüsse – verschiedene natürliche und künstliche Formen lassen sich mit demselben Algorithmus beschreiben, deshalb sind sie auch identisch – wurden von vielen, vor allem Experimentalbiologen, als irreführend kritisiert, fanden aber bei Künstlern und einigen Physikern großen Anklang.

Der wohl originellste Beitrag von *On Growth and Form* ist die Theorie der Transformation morphologischer Formen. Thompson zeigt hier, wie sich verschiedene morphologische Formen miteinander verwandter Arten mit Hilfe von relativ einfachen mathematischen oder geometrischen Transformationen ineinander überführen lassen. Durch geometrische Transformationen eines Koordinatensystems in ein anderes Koordinatensystem lassen sich oftmals ganz verschiedene Gestalten aufeinander abbilden. Diese Einsichten bilden heute das Fundament der Morphometrie und spielen auch in den forensischen Wissenschaften eine große Rolle. So lässt sich damit der natürliche Alterungsprozess einzelner Individuen simulieren. Thompsons deskriptive Charakterisierung morphologischer Transformationen wird heute auch mit dem mechanistischen Verständnis kausaler

Entwicklungsprozesse kombiniert. Als ein Beispiel können hier die Allometrie und die Frage universeller Skalierungsgesetze erwähnt werden. Für den klassischen Gräzisten Thompson waren diese Einsichten eine Bestätigung des alten, auf Platon und Pythagoras zurückgehenden Aphorismus, dass das Buch der Natur mit den Buchstaben der Geometrie verfasst sei.

On Growth and Form wurde vielfach als eines der einflussreichsten theoretischen Werke der Biologie gepriesen. Der Medizin-Nobelpreisträger Sir Peter Medawar nannte es »das eleganteste Werk der englischsprachigen Wissenschaftsliteratur«. Darüber hinaus hat Thompson auch zahlreiche bildenden Künstler und Architekten und in letzter Zeit auch Computerkünstler inspiriert. Sein Werk ist in seiner breiten Wirkung daher am besten mit Goethes *Farbenlehre* (1810) zu vergleichen, ein Vergleich, der aufgrund der morphologischen Orientierung und umfassenden Interessen beider Forscher durchaus angebracht erscheint. MANFRED D. LAUBICHLER

Ivan Petrovič Pavlov

* 26. September 1849 in Rjasan (Russland)
† 27. Februar 1936 in Leningrad (St. Petersburg, Russland)

(auch: Iwan Petrowitsch Pawlow) – Erhielt 1904 den Nobelpreis für Medizin für seine Forschungen über die Steuerung der Verdauungsdrüsen; danach Erforschung der »bedingten Reflexe«, die er als Grundlagen menschlichen Verhaltens und Lernens auffasste; entwickelte neue Methoden zur Gewinnung exakter Daten über die nervöse Steuerung physiologischer Prozesse; organisierte wichtige Forschungseinrichtungen: die Physiologische Abteilung des Instituts für Experimentelle Medizin in Sankt Petersburg (1890–1925); das Institut für Physiologie der Sowjetischen Akademie der Wissenschaften in Leningrad (1925–1936); die Biologische Station in Koltuši bei Leningrad (1923 bzw. 1927–1936), heute Pavlovo; 1935 Ausrichtung des XV. Internationalen Physiologenkongresses in Leningrad und Moskau.

Die höchste Nerventätigkeit [das Verhalten] von Tieren / Dvatcatiletnij opyt ob-ektivnogo izucenija vyssej nervnoj dejatel'nosti (povedenija) zivotnych

Die 1923 erschienene Sammlung aus Vorträgen und Artikeln sollte Pavlovs aktuelles Forschungsinteresse an den von ihm so benannten »bedingten Reflexen« einer größeren Öffentlichkeit bekannt machen. Nach 20 Jahren intensiver Arbeit im Labor präsentierte er seine Experimente endlich in einem umfangreicheren Band, 1926 wurde er ins Deutsche, 1928 ins Englische übersetzt. Pavlov legte Wert darauf, dass die Texte weitgehend den Manuskripten entsprachen und für das Buch weder gekürzt noch vereinheitlicht wurden.

Zum Erscheinungstermin dieser Textsammlung war Pavlov bereits weltweit für seine physiologischen Forschungen zur Verdauung bekannt – 1904 war er mit dem Nobelpreis für Medizin ausgezeichnet worden. Schon in seiner Rede bei der Vergabe des Preises stellte Pavlov die »bedingten Reflexe« als eine Entdeckung vor, die er während der Arbeit zu den Verdauungsdrüsen gemacht hatte und die ihm wichtiger erschien als seine bisherige Forschung: »Im wesentlichen interessiert uns im Leben nur eins: unser psychischer

Inhalt.« In diesen hoffte er nun mit physiologischen Experimenten Licht zu bringen. Der bedingte Reflex war hierbei das entscheidende Element, denn er vermittelte zwischen den physischen und psychischen Abläufen, machte letztere überhaupt erst sichtbar. Ein bedingter Reflex war für Pavlov das Ergebnis eines entfernten Reizes, der mit einem unbedingten Reflex verbunden wurde. Er beschrieb seine ersten Experimente hierzu im Verlauf der 37 Aufsätze immer wieder: Zeigte er einem Hund Futter und spielte ihm zugleich einen bestimmten Ton vor, so reagierte der Hund mit der Zeit schon allein auf den Ton durch die Sekretion von Speichel. Verweigerte Pavlov dem Hund die Nahrung, so verschwand die Speichelsekretion nach kurzer Zeit, auch wenn der Ton erklang. Ein spezifischer Rhythmus des Metronoms konnte mit dem Fütterungsvorgang gekoppelt werden und die Absonderung von Speichelflüssigkeit verursachen oder in Verbindung mit elektrischen Reizungen Angst hervorrufen. Beide

Reaktionen verortete Pavlov im Gehirn als die zwei grundlegenden nervösen Prozesse – Erregung und Hemmung – und vermutete sie in permanentem Kampf innerhalb des Nervensystems, der für ein reibungsloses Verhalten auszubalancieren war. Neben Nahrungsreflexen führte er Selbsterhaltungsreflexe und Geschlechtsreflexe sowie den Freiheitsreflex, den Schlafreflex und den Zielstrebungsreflex an. Pavlovs Versuchsanordnung entstand vor dem Hintergrund des im 19. Jh. etablierten Nervismus, zu dem er sich immer wieder bekannte und der im Gegensatz zur Humoralpathologie nicht von einer Regulation des Körpers durch seine Flüssigkeiten ausging, sondern davon, dass die Nerven fast alle Körperfunktionen beeinflussten.

Ein Artikel des Bandes behandelt Pavlovs Laboreinrichtung, die einigen russischen Laboren zum Vorbild wurde. Die hier eingeforderte ideale Abschottung seines Experimentalraums konnte er zwei Jahre später an seinem Institut für Experimentelle Medizin in Leningrad realisieren: einen »Turm des Schweigens« mit schallisolierten Kammern, in welchen das Verhalten der Versuchstiere unter möglichst kontrollierbaren Bedingungen untersucht werden sollte. Hierbei achtete der Physiologe im Gegensatz zu den meisten seiner Vorgänger darauf, dass die zum Teil operierten Tiere wieder ganz erholt und schmerzfrei waren, bevor er mit ihnen bedingte Reflexe ausarbeitete, eine Haltung, die seinen Versuchen die Bezeichnung ›chronische Experimente‹ einbrachte.

Die Bolschewisten förderten Pavlov großzügig, denn die »bedingten Reflexe« mit ihrem Versprechen der unbedingten Reaktion auf verschiedene Umweltreize erschienen ihnen als Garanten eines ›Neuen Menschen‹, der in der neuen, sozialistischen Umgebung der 1920er Jahre möglichst schnell entstehen sollte. Nach Pavlovs Tod 1936 allerdings wurde die Reflexlehre in der Sowjetunion zunehmend entstellt und jahrzehntelang dogmatisiert. In den nicht-kommunistischen Ländern haben Pavlovs Versuche einige Wirkung auf die Entwicklung von Verhaltenstherapien und Lerntheorien gehabt. In Amerika und Japan wurden Pavlov-Gesellschaften gegründet, die sein wissenschaftliches Erbe bewahren. MARGARETE VÖHRINGER

Werner Heisenberg

* 5. Dezember 1901 in Würzburg (Deutschland)
† 1. Februar 1976 in München (Deutschland)

Nach kurzem Physikstudium in München frühe Zusammenarbeit mit den Hauptvertretern der theoretischen Physik in Deutschland (Arnold Sommerfeld, Max Born) und Dänemark (Niels Bohr); 1925 wesentliche Beiträge zur Quantenmechanik; 1927 Aufstellung der Unbestimmtheitsrelation, dafür Nobelpreis für Physik 1932; Beteiligung an Uranprojekt im ›Dritten Reich‹; nach 1945 Hauptrepräsentant der Physik in Deutschland; Beschäftigung mit Philosophie und Wissenschaftspolitik; 1958 öffentlichkeitswirksame Vorstellung einer »Weltformel« bei gleichzeitig nachlassender Bedeutung innerhalb der Fachwelt.

Physikalische Prinzipien der Quantentheorie

Die theoretisch-physikalische Abhandlung basiert auf 1929 in Chicago gehaltenen Vorlesungen und erschien 1930. Heisenberg versuchte die Interpretation der Quantentheorie konsequent auf der mit seinen Göttinger Kollegen M. Born und P. Jordan entwickelten Quantenmechanik und auf der Transformationstheorie P. A. M. Diracs aufzubauen, ohne wie E. Schrödinger Anleihen bei der Wellenmechanik zu machen. Während Bohr bei den gemeinsamen Bemühungen seine Überlegungen zunächst auf den Welle-Korpuskel-Dualismus gründete, hatte Heisenbergs wegweisende Veröffentlichung von 1925 *Über quantentheoretische Umdeutung kinematischer und mechanischer Beziehungen* betont, dass man in der Physik nur mit beobachtbaren Größen argumentieren solle. Konkretisiert durch seine »Unbestimmtheitsrelation«, die die gleichzeitige Beobachtbarkeit von Ort und Geschwindigkeit der Materiebausteine im Atom einschränkt, formulierte er gemeinsam insbesondere mit Bohr in der »Kopenhagener Deutung der Quantentheorie« eine widerspruchsfreie physikalische Interpretation der Quantentheorie.

Die *Physikalischen Prinzipien der Quantentheorie*, die den Zweck verfolgen, zur Verbreitung des »Kopenhagener Geistes der Quantentheorie« beizutragen, beginnen mit einer Darstellung der wesentlichen Experimente der modernen Atomphysik und einer Kritik an den physikalischen Begriffen des Partikelbildes. Die aufgetretenen Schwierigkeiten werden auf eine allzu bedenkenlose Anwendung der makrophysikalischen Gesetze und Vorstellungen auf den Atombau zurückgeführt. Jede Verwendung experimentell nicht prüfbarer Größen sei in der Theorie von der Atomstruktur zu vermeiden. Zu diesen von der Beobachtung prinzipiell nicht gleichzeitig erfassbaren Größen gehören etwa die Elektronenbahnen mit Ort und Geschwindigkeit der Elektronen. Die beim Atom beobachteten Größen sind hingegen die Energie der verschiedenen Energieniveaus und die Übergangswahrscheinlichkeiten zwischen diesen Energiestufen, über die jedoch nur statistische Angaben gemacht werden können. Ein Atom, das von einer energiereicheren auf eine niedrigere Energiestufe übergeht, strahlt die freiwerdende Energie als beobachtbaren Lichtquant ab. Dabei bestehen für die verschiedenen möglichen Übergänge genau berechenbare Wahrscheinlichkeiten, die Übergangswahrscheinlichkeiten. Für das einzelne Teilchen lassen sich demnach nur noch Wahrscheinlichkeitsaussagen über die Bewegung eines Partikels zwischen zwei Punkten machen. Diese durch die Unschärferelationen genauer charakterisierbare Unmöglichkeit von Wissen resultiert indes nicht aus der Unzulänglichkeit der experimentellen Möglichkeiten, sondern liegt in den Naturgesetzen begründet. Während der Determinismus in Bezug auf diese Wahrscheinlichkeiten gewahrt bleibt, ist das Prinzip der strengen Kausalität in der Quantentheorie verletzt.

Nach der Kritik der aus der makroskopischen Anschauung gewonnenen, aber auf die Atomphysik nicht anwendbaren »Partikelbilder« und »Wellenbilder« führt Heisenberg den Leser genauer in die statistische Deutung der Quantentheorie ein, zunächst in seine mathematische Beschreibung und naturphilosophische Deutung, dann in dessen Anwendung bei der Diskussion wichtiger Experimente. Eines davon, das A. Einstein vorgeschlagen hatte, gehört dabei zu den interessanteren Fällen von Betrug in der Wissenschaft: Die von Heisenberg zitierte experimentelle Ausräumung eines angeblichen Widerspruchs zwischen Lichtquanten und Wellentheorie 1926 durch ein Experiment von E. Rupp stellte sich bald als experimentell undurchführbar und Rupps Veröffentlichung als Betrug heraus. Trotz der endgültigen

Klärung dieser Sachverhalte bereits 1935 wurde Heisenbergs Text bis heute nicht korrigiert, was als Hinweis auf die theoretische Perspektive der Darstellung angesehen werden kann, die sich experimenteller Ergebnisse eher selektiv bedient.

Anders als das zur gleichen Zeit erschienene Buch von P. Dirac *The Principles of Quantum Mechanics*, das sich als systematisches Lehrbuch jeglicher Spekulationen und Interpretationen über die wissenschaftlich gesicherten experimentellen und theoretischen Ergebnisse hinaus enthält, sind Heisenbergs *Physikalische Prinzipien der Quantentheorie* weniger ein naturwissenschaftliches Lehrbuch als eine naturphilosophische Standortbestimmung. Heisenberg geht es um die »Anpassung unseres Denkens und unserer Sprache an die Erfahrungen der Atomphysik« und er möchte seine Physik in die Kulturgeschichte des Denkens rückbinden: Ähnlich wie bei der Relativitätstheorie die philosophischen Probleme von Raum und Zeit neu gestellt wurden,

»kann man in der Atomphysik Nutzen ziehen aus den für alle Erkenntnistheorie grundlegenden Diskussionen über die Schwierigkeiten, die mit der Trennung der Welt in Subjekt und Objekt verbunden sind. Manche Abstraktionen, die für die moderne theoretische Physik charakteristisch sind, findet man schon in der Philosophie vergangener Jahrhunderte besprochen.«

Damit konnte das in zahlreichen Auflagen erschienene Buch insbesondere während der Zeit des Nationalsozialismus und nach Heisenbergs öffentlicher Vorstellung seiner »Weltformel« 1958 von der deutschen Gesellschaft als Beweis dafür die »Weltbild-Relevanz« der Physik gelesen werden. ARMIN M. BÖRNE / ARNE SCHIRRMACHER

Walter B. Cannon

* 19. Oktober 1871 in Prairie du Chien/Wis. (USA)
† 1. Oktober 1945 in Franklin/N. H. (USA)

Einer der führenden amerikanischen Physiologen der ersten Hälfte des 20. Jh.s; 1896 Erforschung und Visualisierung des Verdauungsvorgangs mit Hilfe von Röntgenstrahlen; 1906–1942 Professor und Direktor des Physiologischen Departements an der Harvard Medical School; öffentliche Legitimation von Tierexperimenten; Engagement als ›Bürger-Wissenschaftler‹ für freie Wissenschaft und für Demokratie.

Die Weisheit des Körpers / The Wisdom of the Body

Mit seinem 1932 publizierten Buch, das 1939 ins Französische, später auch ins Italienische, nie aber ins Deutsche übersetzt worden ist, versuchte Cannon, seine wissenschaftlichen Theorien einem breiteren Publikum zugänglich zu machen. Der einprägsame Titel greift eine Formulierung des britischen Physiologen Ernest H. Starling aus dem Jahre 1923 auf.

Als Cannon nach dem Ersten Weltkrieg die Resultate seiner Untersuchungen an der Front in Frankreich über den »traumatischen Schock« veröffentlichte, war er bereits ein weithin akzeptierter Forscher. 1915 war er mit einer Furore machenden Untersuchung des Wechselspiels von Emotionen und physischen Prozessen hervorgetreten, in der er das Konzept der »Notfallfunktionen« entwickelte. In den 1920er Jahren befasste er sich vermehrt mit der Fähigkeit hoch entwickelter Organismen, die zentralen Lebensvorgänge stetig zu reproduzieren. 1926 schlug er erstmals vor, diese selbstregulativen Prozesse »Homöostase« (von ›homeos‹ = gleich und ›stasis‹ = Bedingung) zu nennen. »Unsere Körper sind aus außerordentlich unstabilem Material gemacht«: Ausgehend von dieser Feststellung erklärt er, wieso ein Körper über Jahrzehnte hinweg seine organischen Bestandesvoraussetzungen zu reproduzieren und damit am Leben zu bleiben imstande ist. In fast 20 Kapiteln führt Cannon das Wunder der sich immer wieder erneut stabilisierenden »fluiden Matrix des Körpers« vor. Diese komplizierten homöostatischen Mechanismen regulieren die zahlreichen miteinander zusammenhängenden Funktionen des Organismus und halten so vitale Werte (insbesondere die Körpertemperatur und die Sauerstoffversorgung des Gehirns) konstant. Solche Rückkopplungs- und Anpassungsmechanismen funktionieren nur, wenn körperliche Prozesse nicht starr sind, sondern ein ›Spiel‹ aufweisen, das die dynamische Regulation ermöglicht. Die »Weisheit des Körpers« besteht darin, dass das vegetative Nervensystem höhere Wirbeltiere von der Notwendigkeit entlastet, sich dauernd um das Weiterfunktionieren des Körpers zu kümmern. Der Organismus verlässt sich auf Automatismen, die alle lebenswichtigen Funktionen in Gang halten und ihn durch physiologische Signale (Hunger, Durst etc.) auf seinen Bedarf einstellen. Cannon sieht in dieser Freisetzung von Aufmerksamkeit eine Vorbedingung für die Entfaltung der menschlichen Kultur.

Anpassungsprobleme und selbstregulative Mechanismen wurden

in der Zwischenkriegszeit in verschiedenen Kontexten diskutiert. Beunruhigt über die sich verschärfende Wirtschaftskrise und den autoritären Trend in der Politik, griff Cannon zu Beginn der 1930er Jahre eine Anregung seines amerikanischen Verlegers auf und fügte seiner populärphysiologischen Studie einen Epilog über Analogien zwischen biologischer und sozialer Homöostase bei. Unter Verweis auf die Reziprozität der individuellen und der gemeinsamen ›Wohlfahrt‹ der Myriaden von Zellen, die in einem Körper auf Gedeih und Verderb zusammenwirken, versucht er die Notwendigkeit einer flexiblen Kooperation und Integration in einer arbeitsteilig spezialisierten Gesellschaft aufzuzeigen. Gegenüber starren, »heterostatischen«, von einem Zentrum aus regierten und deshalb krisenanfälligen Diktaturen weisen selbstadaptive, demokratisch oder marktförmig organisierte »homöostatische« Systeme große Vorteile auf. In verschiedenen weiteren Aufsätzen, z. B. »Biocracy« (1933) und »The Body as a Guide to Politics« (1942), akzentuierte er seine Überlegungen. Mit der Theorie der gesellschaftlichen Selbstregulation hatte Cannon, der selbst durch die Ökonomie inspiriert wurde, einen starken Einfluss auf die Entwicklung des soziologischen Strukturfunktionalismus und der Kybernetik. Norbert Wiener, der indessen im Unterschied zu Cannon im Markt keinen homöostatischen Mechanismus sah, erwähnt in seinem

Grundlagenwerk (1948) die »Weisheit des Körpers« als wichtiges physiologisches Anwendungsbeispiel für die kybernetische Theorie der Rückkopplung. JAKOB TANNER

Karl Raimund Popper

* 28. Juli 1902 in Wien (Österreich)
† 17. September 1994 in Croydon bei London (Großbritannien)

1924–1928 Studium in Wien; 1928 Promotion in Psychologie bei K. Bühler; danach Hauptschullehrer; 1937 Emigration nach Neuseeland, Dozent an der Universität in Christchurch; 1946–1969 Professor an der London School of Economics; 1965 Erhebung in den Ritterstand; in Auseinandersetzung vor allem mit dem ›Logischen Positivismus‹ L. Wittgensteins und des Wiener Kreises Begründung des ›Kritischen Rationalismus‹ und Entwicklung einer liberalen Sozialphilosophie; 1961 ›Positivismusstreit‹ mit den Vertretern der Kritischen Theorie auf dem Deutschen Soziologentag in Tübingen; Weiterentwicklung des ›Kritischen Rationalismus‹ in Deutschland insbesondere durch H. Albert.

Logik der Forschung

1934 legte Popper mit diesem seinem ersten Buch die wissenschaftslogische Grundlage aller seiner späteren Untersuchungen. Ausgehend von der Festsetzung, dass die Aufgabe der Wissenschaftslogik die Analyse der empirisch-wissenschaftlichen Forschungsmethode sei, entwickelte er seine Ansichten in kritischer Auseinandersetzung mit der weit verbreiteten und seinerzeit besonders vom Wiener Kreis (M. Schlick, V. Kraft) vertretenen induktionistischen Forschungslogik. Nach dieser Auffassung sind die empirischen Wissenschaften vor allem durch die induktive Methode gekennzeichnet: Sichere Grundlage unseres Wissens seien die elementaren Erfahrungssätze, die sich auf Erlebnisgegebenes beziehen. Alle übrigen Sätze, die beanspruchen, empirisch-wissenschaftlich zu sein, müssten aus den Erfahrungssätzen logisch ableitbar sein (Verifikationskriterium für empirisch-wissenschaftliche Sätze). Das sei in den wichtigsten Fällen, z. B. den Naturgesetzen von der Form »Alle A sind B«, nur mittels induktiver Schlüsse möglich, denn von noch so vielen beobachteten As, die B sind, führe kein deduktiver Schluss dazu, dass »alle As B« seien.

Die induktionistische Auffassung ist nach Popper unhaltbar. Unter Einbeziehung der von David Hume entwickelten Kritik der

Induktionslogik zeigte er, dass jeder Versuch einer Rechtfertigung induktiver Schlüsse entweder zu einem unendlichen Regress oder zur Annahme synthetischer Urteile a priori und damit zur Preisgabe des Empirismus führt, und zwar unabhängig davon, ob die induktiven Schlüsse strenge Gültigkeit oder nur einen gewissen Wahrscheinlichkeitsgrad vermitteln sollen. Die Verwerfung induktiver Schlüsse hat die Unhaltbarkeit des Verifikationskriteriums zur Folge: Da die Verifikation allgemeiner Sätze mittels induktiver Schlüsse nicht mehr möglich ist, müssten danach alle naturwissenschaftlichen Theorien als nichtempirisch angesehen werden. Damit stellt sich aber erneut die Frage nach einem Kriterium, durch das die empirischen Wissenschaften von Logik, Mathematik, Metaphysik und Pseudowissenschaft abgegrenzt werden können.

Seine eigene Theorie der Falsifikation entwickelte Popper aus dem Grundgedanken: »Ein empirisch-wissenschaftliches System muß an der Erfahrung scheitern können.« Die sprachliche Repräsentation der Erfahrung erfolgt durch ›Basissätze‹, d.h. durch Sätze, die behaupten, dass sich in einem individuellen Raum-Zeit-Gebiet ein beobachtbarer Vorgang abspielt. Mit diesem Begriff präzisierte Popper seine Grundidee zunächst zu folgendem Abgrenzungskritierum: Eine Menge von Sätzen ist genau dann empirisch-wissenschaftlich oder potenziell falsifizierbar, wenn es möglich ist, Basissätze anzugeben, die mit ihr logisch unverträglich sind. Dabei ist es für die Beziehung der logischen Unverträglichkeit natürlich ganz belanglos, ob die Basissätze wahr sind oder falsch. So ist z.B. der Satz ›Alles Eisen dehnt sich bei Erwärmung aus‹ empirisch-wissenschaftlich und potenziell falsifizierbar, da mit ihm logisch unverträgliche Basissätze angebbar sind, nämlich alle Sätze der Form: ›Am Ort x befindet sich zur Zeit t ein Stück Eisen, das erwärmt wurde und sich nicht ausgedehnt hat.‹ Dagegen ist etwa der Satz ›Dasein ist Hineingehaltensein in das Nichts‹ nicht empirisch-wissenschaftlich, da kein mit ihm logisch unverträglicher Basissatz denkbar ist.

Das Problem der empirisch-wissenschaftlichen Forschungsmethode versuchte Popper dadurch zu lösen, dass er die induktive Methode der Verifizierung durch die »deduktive Methode der Nachprüfung« ersetzte. Im Gegensatz zur induktionistischen Auffassung ging er davon aus, dass eine Theorie zunächst immer nur eine unbegründete Hypothese sei. Ist sie empirisch-wissenschaftlich, dann gibt es ihr widersprechende Basissätze; sind von diesen einige wahr und beschreiben Letztere einen wiederholbaren Effekt, dann gilt die Theorie als »falsifiziert«. Solange jedoch eine Hypothese allen ernsthaften Falsifikationsversuchen widersteht und durch die fortschreitende Wissenschaft nicht überholt wird, gilt sie als »bewährt«. So musste die Hypothese ›Alle Schwäne sind weiß‹ lange Zeit als bewährte empirisch-wissenschaftliche Theorie angesehen werden. Sie ist und war immer potenziell falsifizierbar, denn alle Sätze der Form ›Am Ort x gibt es zur Zeit t einen nicht-weißen Schwan‹ sind mit ihr logisch unverträgliche Basissätze. Aber erst nach der Entdeckung schwarzer Schwäne in Australien konnte man wahre, ihr widersprechende Basissätze angeben, wodurch sie falsifiziert und verworfen wurde. Neben diesen grundsätzlichen Fragen behandelt die *Logik der Forschung* noch

eine Reihe spezieller Probleme, wie z. B. die Bewertung von Theorien nach ihrem Prüfbarkeitsgrad, die Einfachheit von Theorien, Ereigniswahrscheinlichkeit und Hypothesenwahrscheinlichkeit sowie Interpretationsfragen der Quantenmechanik. In der zweiten Auflage des Buchs wurde dem Anhang der ersten Auflage ein umfangreicher zweiter Anhang angefügt, der Forschungsergebnisse aus der Zeit zwischen Erst- und Zweitauflage enthält.

Die *Logik der Forschung*, deren Gedanken Popper in späteren Arbeiten weiter ausbaute und vertiefte, hatte und hat vor allem im deutschen und angloamerikanischen Sprachraum einen großen Einfluss auf die Entwicklung der Forschungslogik. Zwar wurde die Ablehnung der Induktionslogik von vielen Forschern nicht akzeptiert, doch sahen sich die Anhänger des logischen Empirismus, vor allem Rudolf Carnap, genötigt, ihre Ansichten unter dem Einfluss der Popper'schen Argumente zu modifizieren. Inzwischen wird z. B. die Aufgabe der induktiven Logik nicht mehr darin gesehen, Regeln zu finden, mit denen man von Erfahrungssätzen auf allgemeine Sätze schließen kann, sondern darin, ein Maß für den Grad der Bestätigung einer Theorie durch Erfahrungsdaten zu bestimmen. Die Diskussion zwischen Induktionisten und ihren Gegnern ist noch in vollem Gang.

Thomas S. Kuhn, Paul Feyerabend und andere kritisieren die falsifikationistische Wissenschaftsauffassung mit dem Argument, dass in der geschichtlichen Entwicklung der Wissenschaft falsifizierte Theorien selten vollständig verworfen, sondern oft nur geringfügig modifiziert und weiterentwickelt werden. Diese Auffassung über die Rolle der Falsifikationen in der Wissenschaftsgeschichte ist aber mit einer falsifikationistischen Wissenschaftstheorie durchaus vereinbar, da sie nur verlangt, dass falsifizierte Theorien geändert werden müssen, es aber offen lässt, ob sie völlig beseitigt oder nur geringfügig modifiziert werden sollen. Schon eine geringfügige Modifikation einer falsifizierten Theorie zeigt, dass ein Versuch unternommen wurde, aus der Erfahrung zu lernen. PETER HINST / GUNNAR ANDERSSON

Ludwik Fleck

* 11. Juli 1896 in Lemberg (Lwiw, Ukraine)
† 5. Juni 1961 in Ness Ziona (Israel)

1914–1918 Medizinstudium und Militärdienst während des Ersten Weltkriegs; ab 1923 leitende Tätigkeit in verschiedenen bakteriologischen Labors, wissenschaftliche und ab 1927 auch wissenschaftstheoretische Veröffentlichungen; 1941 Deportation ins jüdische Getto Lemberg; 1943 Verschleppung ins KZ Auschwitz; 1944 KZ Buchenwald, Laborarbeit zur Herstellung von Fleckfieber-Impfstoff; 1950 Professur für Mikrobiologie an der Universität Llublin; 1954 Aufnahme in die Polnische Akademie der Wissenschaften, 1955 Präsidialmitglied und Offizierskreuz des Ordens der Wiedergeburt Polens; 1957 Emigration nach Israel.

Entstehung und Entwicklung einer wissenschaftlichen Tatsache. Einführung in die Lehre vom Denkstil und Denkkollektiv

Das Werk entwirft einen zur Zeit seiner Veröffentlichung (1935) neuartigen erkenntnistheoretischen Ansatz, den Fleck als »Lehre vom Denkstil und Denkkollektiv« bezeichnet. Im Kern steht die Einsicht, dass Erkenntnis nicht auf eine Beziehung zwischen Subjekt und Objekt reduziert werden kann, sondern dass als drittes Beziehungsglied immer der jeweils verfügbare Wissensstand – bekannte Erfahrungstatsachen und Ideen, aber auch überlieferte Fertigkeiten – als grundsätzlicher Faktor miteinbezogen werden muss. Erkennen wird mithin nicht als individueller Prozess, sondern als Ergebnis einer sozialen Tätigkeit verstanden.

Damit geht eine radikale Historisierung einher: Wissenschaftliche Tatsachen und deren Entstehung – wie die als Fallstudie behandelte Wassermann-Reaktion zur Syphilis-Diagnose – werden als Ergebnis des Zusammentreffens und der Verknotung kollektiver Denklinien verstanden. Entsprechend wird wissenschaftliche Wahrheit als eine grundlegend im Werden begriffene, nie absolut gültige, sondern immer nur vorläufige gedacht. Denn nur insofern sie als gegenüber Neuem offene und sich ständig verändernde verstanden wird, kann sie dem »Postulat vom Maximum der Erfahrung« genügen, welches für Fleck »das oberste Gesetz wissenschaftlichen Denkens« darstellt. Weil aber derart wissenschaftliche Erkenntnis als durch eine Wechselwirkung zwischen dem bereits Erkannten und dem Zu-Erkennenden bestimmt gedacht wird, heißt das auch, dass die »Heroen der Handlung« nur bedingt darüber Auskunft geben können, auf welchen Wegen eine Erkenntnis zustande gekommen ist. Im Falle der Wassermann-Reaktion waren es gemäß Fleck »falsche Voraussetzungen und unreproduzierbare Versuche«, die nach »vielen Irrungen und Umwegen« zur Entdeckung führten. Deren Urheberschaft gebührt nicht einer Einzelperson, »die eigentliche Autorschaft gebührt dem Kollektiv« – eben jenem »Denkkollektiv«, in dem sich dieser besondere »Denkstil« erst herausbilden konnte.

Die Monographie ist in vier inhaltlich klar konturierte Kapitel gegliedert. Die wissenschaftshistorischen Kapitel 1 und 3 behandeln die bis ins 15. Jh. zurückverfolgte Geschichte der Syphilis respektive die Anfang des 20. Jh.s zu ihrer Diagnose entwickelte Wassermann-Reaktion. Diesen gegenüber stehen die wissenschaftstheoretischen Kapitel 2 und 4, in welchen Fleck seine »Lehre vom Denkstil und Denkkollektiv« entwirft. Fülle und Vielfalt des herangezogenen historischen Quellenmaterials – darunter zahlreiche, aus unterschiedlichen Kontexten stammende Abbildungen – verleihen der Monographie zusammen mit Flecks eigenwilligem Sprachduktus (u. a. Wortschöpfungen wie »Widerstandsaviso«) ihr unverwechselbares Gepräge.

Fleck verstand sein Werk als Beitrag zu der seit den 1920er Jahren intensiv geführten Diskussion über die Grundlagen wissenschaftlicher Erkenntnis. Zu beachten ist dabei, dass er sich als Mediziner und in ausdrücklicher Abgrenzung von der Position des logischen Positivismus nicht an der Physik als Modellwissenschaft orientierte, sondern sich an die Praxis im bakteriologischen Labor und an die sich dort stellenden Probleme hielt, insbesondere jenes der – prekären – Unterscheidung von Normalität und Anormalität.

Von einem polnischen Juden verfasst, konnte das Buch 1935 zwar beim Basler Schwabe Verlag im deutschen Sprachraum erscheinen, wurde jedoch von seinen Zeitgenossen kaum rezipiert. Es wurde erst nach Flecks Tod wiederentdeckt, als der amerikanische Wissenschaftsphilosoph Thomas S. Kuhn 1962 im Vorwort zu seinem äußerst einflussreichen Werk *The Structure of Scientific Revolutions* auf die Bedeutung von Flecks Monographie für sein eigenes Denken hinwies. Ab Ende der 1970er Jahre setzte dann eine immer weitere Kreise ziehende Rezeption ein, welche eine deutsche Neuauflage der Monographie und Übersetzungen in mehrere Sprachen – bereits 1979 ins Englische – zeitigte. Mittlerweile gilt Flecks Werk als grundlegend für die moderne Wissenschaftsforschung. JOHANNES FEHR

Theodosius Dobzhansky

* 25. Januar 1900 in Nemirov (Ukraine)
† 18. Dezember 1975 in San Jacinto/Calif. (USA)

Studium der Biologie zuerst in Kiew, später in Leningrad; Promotion bei Yuri Filipchenko; 1927 Beginn der Zusammenarbeit mit dem Drosophila-Genetiker und späteren Nobelpreisträger Thomas Hunt Morgan, zuerst an der Columbia University, später am California Institute of Technology in Pasadena; Professuren an der Columbia und Rockefeller University; Mitbegründer der modernen synthetischen Evolutionstheorie.

Die genetischen Grundlagen der Artbildung / Genetics and the Origin of Species

Der erstmals 1937 erschienene Band ist der erste einer Reihe von synthetischen Werken, die zusammen die moderne Synthese der Evolutionsbiologie der 1940er Jahre bilden. Dobzhansky entwickelt hier eine auf den Erkenntnissen der experimentellen und theoretischen Genetik basierende Neuinterpretation der Darwin'schen Evolutionstheorie. Dabei steht die Analyse der genetischen Grundlagen der Variation, der Mutationen als der materiellen Basis evolutionärer Veränderungen und der genetischen Mechanismen der Artbildung im Mittelpunkt.

Darwins Fassung des Evolutionsproblems bestand aus zwei voneinander unabhängigen Thesen. Die erste – die Idee der gemeinsamen Abstammung – setzte sich nach der Veröffentlichung von *Origin of Species* (1859) schnell durch; Darwins zweite Einsicht, die Annahme, dass die natürliche Selektion den wichtigsten Evolutionsmechanismus darstelle, war dagegen weitaus weniger erfolgreich. Vor allem die Unkenntnis der materiellen Mechanismen der Vererbung zur Mitte des 19. Jh.s war ein wesentliches Problem. Diese Situation änderte sich erst mit der Wiederentdeckung der Mendel'schen Gesetze (1900) sowie der Chromosomentheorie der Vererbung (1904). Damit begann die Ära der experimentellen Genetik, deren Erkenntnisse später eine der Grundlagen für Dobzhanskys Synthese bildeten. Eine zweite, nicht weniger wichtige Quelle waren die umfangreichen Studien zur

Biogeographie und den natürlich vorkommenden Variationen innerhalb weit verbreiteter Arten. Auf beiden Gebieten leisteten russische Forscher, vor allem Dobzhanskys Mentor Yuri Filipchenko, wesentliche Beiträge.

Eines der fundamentalen Probleme der Evolutionsbiologie zu Beginn des 20. Jh.s war die Frage, ob graduelle Anpassungen an die Umwelt sowie die Entstehung neuer Arten und evolutionärer Innovationen zwei verschiedene Prozesse darstellen. Diese Unterscheidung in Makro- und Mikroevolution wird auch heute noch kontrovers diskutiert.

Hier vertritt Dobzhansky eine graduelle Sicht des Evolutionsgeschehens. Das Werk beginnt mit einer Diskussion der organischen Diversität und einem Überblick über das damalige Wissen zur Genmutation. Darauf aufbauend argumentiert Dobzhansky, dass Mutationen die materielle Basis für Art- und Rassenunterschiede ausmachen und illustriert dies anhand von verschiedenen Beispielen chromosomaler Veränderungen. Im nächsten Kapitel – über Variation in natürlichen Populationen – diskutiert er den wesentlichen Unterschied zwischen den chemisch-physiologischen Ursachen der Mutationen und jenen Mechanismen (Selektion, Drift), die das weitere Schicksal dieser Mutationen innerhalb bestimmter Populationen bestimmen. Letztere wurden vor allem von den Populationsgenetikern Sewall Wright, Ronald Fisher und J. B. S. Haldane untersucht. Dobzhansky betont hier vor allem die Mechanismen der Artbildung, wie z. B. verschiedene Isolationsmechanismen oder die Sterilität von Rassenhybriden, und die Konsequenzen dieser Mechanismen für unser Verständnis biologischer Arten.

Von großem historischem Interesse sind auch die Veränderungen, die dieses Werk in der zweiten und dritten Auflage erfahren hat. Stephen Jay Gould hat in diesem Zusammenhang von der »Verhärtung« der modernen Synthese gesprochen, die sich vor allem in der größeren Betonung der natürlichen Selektion als treibender Kraft der Artbildung und einer zunehmend gradualistischen Interpretation des Evolutionsprozesses niederschlug. Mit seinem Werk schuf Dobzhansky eine der Grundlagen des sogenannten Neo-Darwinismus in der zweiten Hälfte des 20. Jh.s. MANFRED D. LAUBICHLER

Erwin Schrödinger

* 12. August 1887 in Wien (Österreich)
† 4. Januar 1961 in Wien (Österreich)

Aus einer wissenschaftlich gebildeten Familie; studierte in Wien bei Franz Exner und Friedrich Hasenöhrl Physik; akademische Wanderjahre 1927 mit Ruf nach Berlin abgeschlossen; schon 1926 Veröffentlichung der berühmten Schrödinger-Gleichung zur Quantenmechanik, für die er 1933 den Nobelpreis für Physik erhielt; Flucht vor den Nationalsozialisten endete 1940 mit der Berufung an das für ihn gegründete Institute for Advanced Studies in Dublin; 1956 Rückkehr nach Wien.

Was ist Leben? Die lebende Zelle mit den Augen des Physikers betrachtet / What is Life?. The Physical Aspect of the Living Cell

Das 1944 erschienene Werk analysiert die grundlegende Frage nach den materiellen Grundlagen des Lebens aus der Perspektive des theoretischen Physikers. Schrödinger diskutiert darin Probleme der Vererbung, der Natur des Gens (als ein aperiodischer Kristall), der Mutation, der Stabilität lebender Systeme im Licht des Entropieprinzips sowie die Frage, ob Leben auf physikalischen Gesetzen beruht oder eine Eigengesetzlichkeit hat. Aufgrund seiner provokanten Thesen und wegen seines Muts zur unvoreingenommenen Synthese und universellen Betrachtungsweise wurde *What is Life?* zu einem der einflussreichsten Werke der Molekularbiologie.

Versuche, die Eigenschaften lebender Systeme auf physikalische Prinzipien zurückzuführen, haben eine lange Tradition; mindestens ebenso lange argumentieren Biologen und Philosophen für die Irreduzierbarkeit und Eigengesetzlichkeit des Lebens und des Geistes. Diese Debatten hatten seit Mitte des 19. Jh.s wieder an Dringlichkeit gewonnen und um 1900 zur theoretischen Begründung der Biologie als selbständiger Grundwissenschaft geführt, wofür damals hauptsächlich die regulativen und zielgerichteten Funktionen und Eigenschaften der Organismen als Argumente angeführt wurden. Durch neue experimentelle Methoden und Fragestellungen sowie aufgrund der Entwicklungen in den physikalisch-chemischen Wissenschaften während der ersten Hälfte des 20. Jh.s rückten die materiellen Grundlagen biologischer Systeme zu dieser Zeit wieder vermehrt in den Mittelpunkt des Forschungsinteresses. Die Frage nach der chemischen Natur des Gens – als Gegenstand der Vererbung wie auch als Determinante der Individualentwicklung ein äußerst wichtiges biologisches Objekt – stand hierbei an oberster Stelle.

Der unmittelbare Ausgangspunkt für Schrödingers Überlegungen waren die Studien seines früheren Berliner Kollegen, des theoretischen Physikers Max Delbrück, in Zusammenarbeit mit dem Genetiker Nicolai Timofeef-Ressowsky und dem Strahlenphysiker Karl Zimmer, zur Natur des Gens und der Mutation. Diese sogenannte Dreimännerarbeit von 1935 bewies erstmals durch direkte Messung der durch radioaktive Bestrahlung hervorgerufenen Mutationshäufigkeit, dass es sich bei dem genetischen Material um ein Makromolekül handeln muss. Des Weiteren legte die Tatsache, dass sich die Mutationshäufigkeit mit der Dosis der angewandten radioaktiven Strahlung korrelieren lässt, eine quantenmechanische Erklärung des Mutationsvorganges nahe. Schrödinger verallgemeinerte diese Ergebnisse zu einer grundlegenden Betrachtung der materiellen Grundlagen des Lebens. Ein erstes und häufig zitiertes Postulat ist die Idee, »ein Gen – oder vielleicht den ganzen Chromosomenfaden – als einen aperiodischen festen Körper« anzusehen. Damit ließ sich die notwendige Vielfalt der Gene als Faktor in der Individualentwicklung erklären. Schrödingers theoretische Ideen erwiesen sich, wie die weitere Entwicklung der Molekularbiologie gezeigt hat, als prophetisch. Die DNA ist ein aperiodisches Molekül, und der genetische Code ist die Voraussetzung für die Vielfalt der Proteine, die wiederum die Differenzierung der Zellen während der Entwicklung steuern.

Der zweite wesentliche Begriff Schrödingers ist die negative Entropie oder Negentropie als thermodynamisches Maß für den Ordnungsgehalt lebender Systeme. Damit war das Problem der biologischen Ordnung vom Standpunkt der Physik aus definiert. Anders als in früheren Jahrhunderten führte dieses Konzept diesmal nicht dazu, dass neue biologiespezifische Naturgesetze postuliert wurden, sondern dass die Frage der Ordnung und Struktur biologischer Systeme innerhalb des theoretischen Rahmens der Thermodynamik behandelt werden konnte. So stellte sich heraus, dass biologische Systeme fern des thermodynamischen Gleichgewichts operieren und als offene oder dissipative Systeme ihre innere Ordnung nur durch permanente Energie und Materiezufuhr aufrechterhalten können. Die theoretische Analyse der Physiker lieferte hiermit eine grundsätzliche Begründung für die fundamentale Bedeutung des Stoffwechsels innerhalb biologischer Systeme.

Schrödingers Buch inspirierte eine ganze Generation junger Forscher, wie z. B. James Watson und Francis Crick, sich den neuen Fragestellungen der Molekularbiologie und vor allem dem Problem des Gens zu widmen. Zum anderen aber repräsentiert Schrödingers Ansatz auch einen neuen theoretischen Zugang zu Problemen der Biologie. Die Molekularbiologie wurde zu einem nicht unwesentlichen Teil von Physikern entwickelt. Neben experimenteller Expertise waren diese Physiker aber auch in für die Biologie neuartigen theoretisch-methodologischen Zugängen geschult. Während Mitte des 20. Jh.s die meisten Biologen noch hauptsächlich empirisch/experimentell arbeiteten, war es für Physiker wie Schrödinger selbstverständlich, ein Problem von der konzeptuellen oder auch mathematischen Seite anzugehen. Damit näherten sich die Lebenswissenschaften in methodischer Hinsicht der Physik und der Chemie an.

MANFRED D. LAUBICHLER

Norbert Wiener

* 26. November 1894 in Columbia/Mo. (USA)
† 18. März 1964 in Stockholm (Schweden)

1906–1909 Studium der Mathematik am Tufts College (bei Boston), danach der Naturwissenschaften in Harvard und ab 1910 der Philosophie an der Cornell-University; Rückkehr nach Harvard, dort 1912 Promotion über mathematische Logik; weitere Studien in Cambridge (England) u. a. bei B. Russell, in Göttingen u. a. bei David Hilbert und in Kopenhagen; Professor für Mathematik am Massachusetts Institute of Technology; neben naturwissenschaftlichen auch autobiographische Werke und ein Roman.

Kybernetik. Regelung und Nachrichtenübertragung im Lebewesen und in der Maschine / Cybernetics, or Control and Communication in the Animal and the Machine

Das Buch gilt als Gründungsdokument der Wissenschaft gleichen Titels. 1948 in erster Auflage gleichzeitig in Paris und New York erschienen, präsentiert es in seiner überarbeiteten und erweiterten zweiten Auflage von 1961 die Kybernetik als eine »existierende Wissenschaft«. Deren Name leitet sich von griechisch ›kybernetes‹ (Steuermann) her, ihr Gegenstand definiert sich als der gesamte Bereich der Steuerung und Nachrichtenübertragung in technischen Vorrichtungen wie lebenden Organismen unter besonderer Berücksichtigung der Gemeinsamkeiten zwischen Nervensystem und elektronischen Rechenmaschinen.

Wie die Kybernetik selbst ist schon Wieners Buch weniger das Werk eines Einzelnen als vielmehr das Ergebnis eines Kollektivs von Wissenschaftlern unterschiedlicher Disziplinen. Legendär wurden die sogenannten Macy-Konferenzen, 1946 bis 1953, an denen neben Wiener auch John von Neumann, Warren McCulloch, Margaret Mead, Gregory Bateson und viele andere teilnahmen, die in der Folge die Ansätze der Kybernetik und der Allgemeinen Systemtheorie weiterentwickelten. Wieners eigene Vorarbeiten erfolgten namentlich in Kooperation mit dem Physiologen Arturo Rosenblueth; maßgebliche Elemente der Theoriebildung entstammen ferner der ›Theorie der Vorhersage‹ (›prediction theory‹), mit der Wiener zusammen mit Julian Bigelow während des Zweiten Weltkriegs zur Automatisierung der Flugabwehr befasst war.

Cybernetics handelt dementsprechend einerseits von den Grundprinzipien, nach denen die seitdem dominant gewordene Technologie funktioniert, sowie andererseits von dem Paradigmenwechsel, den das – kollektive – kybernetische Denken darstellt. Über Erstere schrieb Martin Heidegger nicht lange nach Wieners Tod: »Der kybernetische Weltentwurf unterstellt vorgreifend, daß der Grundzug aller berechenbaren Weltvorgänge die Steuerung sei. Die Steuerung eines Vorgangs durch einen anderen wird vermittelt durch die Übermittelung einer Nachricht, durch die Information. Insofern der gesteuerte Vorgang seinerseits auf den ihn steuernden sich zurückmeldet und ihn so informiert, hat die Steuerung den Charakter der Rückkoppelung der Informationen.« Aus diesem Prinzip der Rückkoppelung leitet Wiener nichts Geringeres als einen Begriff von »lernenden Maschinen« und im weiteren die Möglichkeit ab, dass »technische Gebilde« selbständig andere ihnen funktionsäquivalente Gebilde erzeugen können.

Die Tragweite dieser Grundideen aber wird gleich zu Beginn, im ersten »metaphysischen Kapitel« (M. Bense) unter der Überschrift »Newtonian and Bergsonian Time« umrissen. Im Unterschied zur klassischen Mechanik und ihrem Begriff einer reversiblen Zeit gehorcht die Kybernetik dem Begriff einer irreversiblen Zeit, wie ihn die statistische Mechanik entwickelt hat. Gegenüber deren anfänglich energetischen Perspektiven jedoch betont sie die Kategorie der Information in ihrer Eigengesetzlichkeit. »Information ist Information, weder Materie noch Energie. Kein Materialismus, der dieses nicht berücksichtigt, kann heute überleben«, heißt es daher zum einen, wie nun zum anderen aufgrund der informationell erreichten Automatisierungsform gelten soll, dass die von Samuel Butler im 19. Jh. noch rein »sinnbildlich« vorhergesagte »Vorherrschaft der Maschinen« nun »zu einem sehr direkten und durchaus nicht metaphorischen Problem« geworden sei. BERNHARD J. DOTZLER

Claude Elwood Shannon / Warren Weaver

Claude Elwood Shannon

* 30. April 1916 in Gaylord/Mich. (USA)
† 24. Februar 2001 in Medford/Mass. (USA)

1940 Master of Science in Elektrotechnik und Promotion in Mathematik am Massachusetts Institute of Technology (M.I.T.); 1941–1972 Forschungsmathematiker bei den Bell Telephone Laboratories, New Jersey; 1956 Gastprofessor, 1958–1978 Professor am M.I.T.

Warren Weaver

* 17. Juli 1894 in Reedsburg/Wis. (USA)
† 24. November 1978 in New Milford/Conn. (USA)

1932–1959 Direktor der naturwissenschaftlichen Abteilung der Rockefeller Foundation; während des Zweiten Weltkriegs Mitarbeit im National Defense Research Committee; Mathematiker und Mitbegründer der maschinellen Sprachübersetzung.

Mathematische Grundlagen der Informationstheorie / The Mathematical Theory of Communication

Shannons und Weavers 1949 erschienenes Buch geht zurück auf einen Zeitschriftenartikel Shannons, der ein Jahr zuvor im *Bell Systems Technical Journal* erschienen war. Bei dieser Gelegenheit führte der Text noch den unbestimmten Artikel in der Überschrift: »A Mathematical Theory …«. Die Wirkung des Buchs sollte indes seinem entschiedeneren Titel recht geben. Im Maß ihrer Umstrittenheit (vgl. zuletzt etwa Janich 2006) wurden sowohl das Kommunikationsmodell als auch der Informationsbegriff Shannons in der Folge zum Paradigma in den Natur- und Technik- wie in den Sozial- und Kulturwissenschaften.

Das seitdem klassische Schema eines Kommunikationssystems umfasst die fünf Elemente »Nachrichtenquelle«, »Sender«, »Signal« bzw. »Kanal«, »Empfänger« und »Nachrichtenziel«. Gemäß dieser Konfiguration besteht das »grundlegende Problem der Kommunikation« darin, »an einer Stelle entweder genau oder angenähert eine Nachricht wiederzugeben, die an einer anderen Stelle ausgewählt wurde«. Neben den Aspekten der Übertragungskapazität eines Kanals und der Codierung der Nachrichten steht daher der Faktor der Störung oder des Rauschens (engl. »noise«) im Mittelpunkt der Untersuchung. Anders als frühere Theorien behandelt Shannons quantifizierend-statistischer Ansatz Störung und Information jedoch nicht so sehr als Gegensätze, sondern vielmehr als aufeinander bezogene, in ihren Extremen fast ununterscheidbare Größen. Im Schema nehmen Sender und Störquelle strukturell dieselbe Stelle ein; aufbauend auf der »technisch bedeutungsvollen« Prämisse, »daß die tatsächliche Nachricht ›aus einem Vorrat von möglichen Nachrichten ausgewählt‹ worden ist«, bestimmt Shannon das Maß der Wahlfreiheit als Maß der Information, deren Begriff oder Formel damit dem- oder derjenigen »der Entropie [entspricht], wie sie in bestimmten Formulierungen der statistischen Mechanik erklärt ist«.

Ihre Breitenwirksamkeit erlangte diese Theorie indes wohl vor allem durch den ersten Teil des Buches: Weavers einleitenden Versuch, die Bedeutung des Shannon'schen Ansatzes für sämtliche Bereiche der Kommunikation, ja eigentlich für »alles menschliche Verhalten« zu skizzieren. Weaver unterstreicht hier den semantischen Aspekt der Nachrichtenübermittlung, um – wie er meint – auch »Malerei, Theater und Ballett«, »jede Art von Musik« sowie »ruhende oder bewegte Bilder, wie z. B. das Fernsehen«, kurzum: alle Arten von »ästhetischen Betrachtungen« einbeziehen zu können.

Ironischerweise aber tritt Weavers Beitrag damit fast in Opposition zu Shannon, der ebendiesen Aspekt aus seiner Betrachtung dezidiert ausschließt. Gerade unter Verzicht auf Bedeutungsfragen führt Shannon eine Algorithmisierung der Sprache vor, die auf rein formalem Wege den Schein sinnhafter Kommunikation zu approximieren erlaubt. Die Mathematik spricht von »Markoff-Prozessen«; Shannons Demonstration liefert ebenso künstlich generierte wie dabei »überhaupt nicht unnatürliche«, sondern schlicht die literarischen Avantgarden in Rente schickende Wortfolgen wie »another method for the letters« und »attack on an english writer«. BERNHARD J. DOTZLER

Thomas Samuel Kuhn

* 18. Juli 1922 in Cincinnati/Oh. (USA)
† 17. Juni 1996 in Cambridge/Mass. (USA)

1940 Beginn des Physik-Studiums an der Harvard University; 1948–1956 Übernahme von Kursen zur Wissenschaftsgeschichte; 1949 Promotion in theoretischer Physik; 1951–1956 Assistent Professor in Harvard; 1958–1979 verschiedene Professuren für Wissenschaftsgeschichte und Wissenschaftstheorie an bedeutenden amerikanischen Universitäten, u.a. in Berkeley und Princeton; 1979–1991 Professor für Wissenschaftstheorie und Wissenschaftsgeschichte am Massachusetts Institute of Technology (MIT) in Cambridge.

Die Struktur wissenschaftlicher Revolutionen / The Structure of Scientific Revolutions

In seinem philosophischen Hauptwerk von 1962 entwickelt der amerikanische Wissenschaftshistoriker und Philosoph auf der Grundlage zahlreicher wissenschaftshistorischer Fallstudien ein dynamisches Strukturmodell zur Herausbildung und Entwicklung der (Natur-) Wissenschaften. Dieses Wissenschaftsmodell mit seinen weitreichenden philosophischen Implikationen übte einen nachhaltigen Einfluss auf die Debatten in der Wissenschaftstheorie aus und führte zu einer kritischen Diskussion und Revision der herkömmlichen Auffassungen, die vor allem durch den Kritischen Rationalismus Karl R. Poppers geprägt waren.

Die von Kuhn als ›Essay‹ charakterisierte Abhandlung besteht aus insgesamt 13 Kapiteln, in denen sukzessive die dynamische Struktur der Wissenschaft in ihren einzelnen Phasen und Umbrüchen dargestellt wird. In den Schlusskapiteln (insbesondere in den Kapiteln »X. Revolutionen als Wandlungen des Weltbildes« und »XIII. Fortschritt durch Revolutionen«) legt Kuhn die philosophischen Konsequenzen dar, die sich aus seinem Modell ergeben.

Eine wichtige Grundlage des Kuhn'schen Modells ist die Unterscheidung verschiedener Phasen: (1) »vor-paradigmatische Phase«, (2) »normale Wissenschaft«, (3) »außerordentliche Wissenschaft« und (4) »wissenschaftliche Revolution«.

Anhand verschiedener Beispiele aus der Wissenschaftsgeschichte (z. B. der Elektrizitätslehre in der ersten Hälfte des 18. Jh.s) beschreibt Kuhn, wie sich aus anfangs konkurrierenden und heterogenen Schulen in der »vor-paradigmatischen Phase« allmählich ein Zustand der »normalen Wissenschaft« herausbildet; und zwar dadurch, dass sich ein Forschungsansatz gegenüber den anderen als besonders erfolgreich erweist. »Normale Wissenschaft« wird dabei als eine Forschungspraxis aufgefasst, die auf »allgemein anerkannten wissenschaftlichen Leistungen« (sogenannten »Paradigmen«) beruht. Diese Leistungen werden von der »wissenschaftlichen Gemeinschaft eine Zeitlang als Grundlage für ihre weitere Arbeit anerkannt«. Auf diese Weise bildet sich ein relativ fest umrissener Forschungskonsens heraus.

Paradigmen prägen nach Auffassung Kuhns – noch vor allen Regeln, Theorien oder Definitionen – das Wesen der »normalen Wissenschaft«. Die Tätigkeit des Wissenschaftlers in den Phasen der »normalen Wissenschaft« besteht in der Verbesserung und Erweiterung der wissenschaftlichen Daten und Theorien. Neue Tatsachen und Theorien sind hingegen nicht das Ziel der normalwissenschaftlichen Tätigkeit und können es auch nicht sein, da der Normalwissenschaftler bei Kuhn als »Rätsellöser« charakterisiert wird, der sich nur auf Fragen bzw. Rätsel einlasse, für die im allgemein akzeptierten Rahmen auch eine Lösung gefunden werden könne. Dabei können die Wissenschaftler allerdings auf sehr hartnäckige Rätsel bzw. Probleme stoßen, die sich selbst nach längeren Versuchen nicht lösen lassen. Solche hartnäckigen und unerwarteten Störungen nennt Kuhn »Anomalien«. Anomalien können zu Grundlagendiskussionen und Krisen in der Wissenschaft führen. Sie können die Wissenschaft in einen Zustand bringen, den Kuhn als »Wucherung konkurrierender Artikulationen« und als ein »Zufluchtsuchen bei der Philosophie« charakterisiert. All das sind für Kuhn Symptome für »einen Übergang von normaler zu außerordentlicher Forschung«. Diese Phase der »außerordentlichen Wissenschaft« kann – muss aber nicht – in eine »wissenschaftliche Revolution« münden. Wird die störende Anomalie erst durch einen neuen Ansatz – ein neues Paradigma – beseitigt, dann tritt das ein, was Kuhn als »Paradigmawechsel« bezeichnet.

Ausführlich und detailliert beschreibt Kuhn, wie ein neues Paradigma auftaucht, wie sich ein Paradigmawechsel – als Herzstück jeder wissenschaftlichen Revolution – vollzieht und wie sich schließlich das neue Paradigma allmählich in der wissenschaftlichen Gemeinschaft durchsetzt und anerkannt wird. Einen Paradigmawechsel und die damit verbundene Verschiebung der Wahrnehmung und des Begriffsnetzes der Wissenschaftler erläutert Kuhn in Analogie zur Wirkung gestaltpsychologischer Bilder, wie z. B. des sogenannten Hasen-Enten-Kopfes, der einmal als Hasen- und ein andermal als Entenkopf gesehen und interpretiert werden kann. In ähnlicher Weise würde beispielsweise ein schwingender Stein an einem Seil von Aristoteles und Galilei ganz unterschiedlich gesehen: »als Aristoteles und Galilei schwingende Steine betrachteten, sah der erste einen gehemmten Fall, der zweite ein Pendel.«

Als Ergebnis einer wissenschaftlichen Revolution etabliert sich wieder eine neue »normale Wissenschaft« mit (zum Teil) veränderten

Paradigmen. Kuhns Darstellung des Paradigmawechsels als »Konversion«, seine Herausstellung willkürlicher und (zum Teil) nicht rationaler Aspekte beim Übergang sowie seine Parallelisierung von wissenschaftlicher und politischer Revolution führten zu zahlreichen kontroversen Diskussionen.

Nach Kuhns Auffassung stellen zwei durch eine wissenschaftliche Revolution getrennte normalwissenschaftliche Phasen zwei nicht zu vereinbarende oder – wie er es nennt – »inkommensurable« Standpunkte vor, die unter anderem durch unterschiedliche wissenschaftliche Begriffsnetze charakterisiert sind. Diese Inkommensurabilitätsbehauptung und die aus ihr abgeleiteten Folgerungen stellen die philosophische Quintessenz von *Structure* dar.

Die Brisanz und immense Wirkungsgeschichte des Kuhn'schen Werkes – es wurde in mehr als 26 Sprachen übersetzt und in ganz verschiedenen Bereichen und Disziplinen intensiv rezipiert – beruhen nicht nur auf der interdisziplinären Ausrichtung von *Structure*, sondern vor allem auf den intrikaten und umstrittenen philosophischen Implikationen und Ansprüchen, die Kuhn damit verknüpfte: Kuhn beansprucht mit seinem Werk nicht weniger, als eine »historiographische Revolution« herbeizuführen, indem er das eigene Paradigmakonzept auf die philosophische Erkenntnis- und Wissenschaftstheorie anwendet, um ein »neues erkenntnistheoretisches Paradigma« (gegen den zu seiner Zeit vorherrschenden Falsifikationismus Karl R. Poppers sowie den logischen Empirismus) zu entwickeln. Dieses neue erkenntnistheoretische Paradigma impliziert heikle philosophische Thesen, z. B. die viel diskutierte metaphysische These, dass es »die Wissenschaftler nach einer Revolution mit einer anderen Welt zu tun haben«. Des Weiteren wird besonders im Schlusskapiteln von *Structure* deutlich, dass Kuhn gängige Vorstellungen über den wissenschaftlichen Fortschritt zurückweist: »Wir müssen vielleicht die – ausdrückliche oder unausdrückliche – Vorstellung aufgeben, daß der Wechsel der Paradigmata die Wissenschaftler und die von ihnen Lernenden näher und näher an die Wahrheit heranführt.« Kuhn leistete mit seinem dynamischen Wissenschaftsmodell einen wichtigen Beitrag zur Kritik an Kumulations- und Approximationsmodellen des wissenschaftlichen Fortschritts.

Seine Darlegungen sind indes nicht unwidersprochen hingenommen worden, sondern führten im Laufe der Rezeptionsgeschichte von *Structure* zu kontroversen Debatten. Die Ende der 1960er Jahre einsetzende und bis heute anhaltende heftige und von vielen Missverständnissen und Irritationen geprägte Diskussion und Kritik des Buches – in der man Kuhn z. B. Irrationalismus und Subjektivismus vorwarf – hat ihre Ursachen bereits in dem zum Teil (vom Autor mitverschuldeten) recht ambivalenten Gebrauch der Zentralbegriffe ›Paradigma‹, ›Paradigmawechsel‹, ›Inkommensurabilität‹ u. a. In der Mehrdeutigkeit und Unschärfe, mit der Kuhn seine Begriffe verwendet, liegt bereits der Kern zu zahlreichen irritierenden, aber auch produktiven Missverständnissen, die nicht zuletzt die enorme Wirkungsgeschichte des Buches ausmachen. Bereits 1969 hat Kuhn ein sogenanntes *Postscriptum–1969* verfasst, in dem er auf zentrale Einwände, Missverständnisse, aber auch Vereinnahmungen Bezug nimmt. Dieses *Postscriptum* wird heute jeder Neuauflage des Werks als Anhang beigefügt. Kuhn hat bis an sein Lebensende in zahlreichen weiteren Aufsätzen gegen die missverständliche und falsche Interpretation und Vereinnahmung seines Buchs angekämpft und dabei auch den von ihm populär gemachten Begriff ›Paradigma‹ wegen der vielen Missverständnisse nicht mehr verwendet. UWE ROSE

Paul Karl Feyerabend

* 13. Januar 1924 in Wien (Österreich)
† 11. Februar 1994 in Genolier (Schweiz)

1942–1945 Kriegsdienst; ab 1946 Studium der Physik, Mathematik, Astronomie, Geschichte, Philosophie, Soziologie, Theaterwissenschaften und Musik in Weimar und Wien; Diplom in Astronomie und 1951 Promotion in Philosophie; 1952/1953 Studium bei Karl Raimund Popper in London, von dessen Wissenschaftstheorie er sich bald ab- und einer rationalismuskritischen, Methodenpluralismus propagierenden relativistischen Position zuwandte; ab 1955 Lehrtätigkeit in Bristol, 1958–1990 in Berkeley und parallel 1980–1990 in Zürich, außerdem zahlreiche Gastprofessuren; 1994 Veröffentlichung seiner Autobiographie *Killing Time* (*Zeitverschwendung*); gehört zu den einflussreichsten Wissenschaftsphilosophen der zweiten Hälfte des 20. Jh.s.

Wider den Methodenzwang. Skizze einer anarchistischen Erkenntnistheorie / Against Method. Outline of an Anarchistic Theory of Knowledge

Die wissenschaftstheoretische Untersuchung, die ihren Autor international bekannt machte, erschien 1970. In Absetzung von frühen Arbeiten zur Wissenschafts- und Erkenntnistheorie, die in der Tradition von K. R. Poppers Kritik am logischen Empirismus argumentieren, bestreitet Feyerabend jede sinnvolle Rolle methodologischer Normen für den Wissenschaftsfortschritt insgesamt. Auf der Grundlage historischer Fallstudien entwickelt er eine Erkenntnistheorie, die zwar einerseits am Begriff des wissenschaftlichen Fortschritts festhält, andererseits aber jede Methodenlehre ablehnt. Absicht des Autors ist es, den »Leser davon zu überzeugen, daß alle Methodologien, auch die einleuchtendsten, ihre Grenzen haben«. Die Begrenztheit methodologischer Normen, die für grundlegend gehalten werden, lässt sich allerdings nur auf dem Weg der Argumentation zeigen, es ist also erforderlich, »das Spiel der Vernunft mitzuspielen, um die Autorität der Vernunft zu untergraben«. Da jedoch nicht ein System von Regeln durch ein anderes abgelöst werden soll, bleibt als einziger Grundsatz, der den Fortschritt nicht behindert: »Anything goes« (»Alles ist erlaubt«). Die Erkenntnistheorie, die allein wissenschaftlichen Fortschritt ermöglicht, hat also nicht nur kein Programm, sondern ist gegen jedes Programm, daher ist »erkenntnistheoretischer Anarchismus« die angemessene und auch von Feyerabend selbst gewählte Bezeichnung für seinen Standpunkt.

Ein wichtiger Teil des Werks besteht in der Auseinandersetzung mit den Methodologien verschiedener wissenschaftstheoretischer Ansätze – wie R. Carnaps Induktivismus, Poppers Falsifikationismus und I. Lakatos' Theorie der Forschungsprogramme –, die sich auf eine sorgfältige Analyse der methodologischen Konzeptionen des Kopernikanismus und von Galilei stützt. Feyerabend konzipiert mit seiner gegen jede Methode gerichteten Abhandlung nicht nur eine Gegenreformation gegen diejenigen, die sich bemühen, eine korrupte wissenschaftliche Welt durch die Aufstellung methodologischer Normen wieder in Ordnung zu bringen, sondern er wendet sich auch gegen die rationale Rekonstruktion eines solchen Versuchs, wie sie Carnap liefern wollte. Teile des Werks enthalten bedeutende Kritiken des normativen Aspekts der Methodologien von Popper und Lakatos, so etwa den Nachweis, dass ein wissenschaftliches Leben, das den Regeln eines kritischen Rationalismus genügt, nicht möglich ist.

Die wichtigsten Ergebnisse der Kritik Feyerabends lauten: Die Unterscheidung zwischen Beobachtungssprache und wissenschaftlicher Sprache kann ebenso wie die zwischen Entdeckungs- und Begründungskontext nicht aufrechterhalten werden. Es gibt keine sinnstabilen, von der Natur der Gegenstände unabhängigen Basissätze. Theorien können nicht endgültig falsifiziert werden, da die Tatsachen, die zu ihrer Widerlegung führen, jeweils auf älteren Theorien beruhen. Der wissenschaftliche Fortschritt ist nicht die Folge eines rationalen Diskurses, sondern beruht auf der schöpferischen Einbildungskraft des Menschen sowie irrationalen Momenten (geschickte Darstellung, günstige Umstände usw.), so dass »das Prinzip von heute die Idiotie von morgen« sein kann und der »Mythos von vorgestern die Grundlage allen Denkens von übermorgen«.

Dennoch ist es nicht völlige Regellosigkeit, die den Fortschritt der Wissenschaft verbürgt; geltende und anerkannte Methodologien werden als Faustregeln für zukünftige Forschung anerkannt. Diese kann jedoch nur vermittels einer Pluralität von Methoden erfolgreich sein und steht daher der Kunst und dem Mythos viel näher, als eine wissenschaftliche Philosophie einzugestehen bereit ist. Insofern Interessen, Macht und Propaganda in der Entwicklung der Erkenntnis und der Wissenschaft von wesentlicher Bedeutung sind, ist eine Begrenzung der Macht einer so einflussreichen Ideologie zu fordern. Es ist letzten Endes der mündige Bürger, der als Betroffener über Grundfragen wie Lehrmethoden oder über die Wahrheit von Theorien in einem demokratischen Verfahren zu entscheiden hat, wie es innerhalb der Wissenschaft schon längst, nur unreflektiert und einseitig, angewendet wird.

Insgesamt betrachtet sucht Feyerabend den Neuanfang einer philosophischen Grundlegung wissenschaftlichen Fortschritts in einer anarchistischen Erkenntnistheorie, der es um die Kultivierung eines kreativen, neue Theorien schaffenden Denkens geht. Das Werk ist für die Kontroverse in der Philosophie der Wissenschaft von Bedeutung, in der sich die normative Methodologie in der von Lakatos weitergeführten Variante der Konzeption Poppers und die der Auffassung von T.S. Kuhn nahestehende Kritik Feyerabends an den Konsequenzen methodologischer Standards gegenüberstehen. Es zeigt in wesentlichen Aspekten die Tendenz zur Selbstauflösung der Popper-Schule in der zweiten Hälfte des 20. Jh.s und ist zum anderen ein interessantes Dokument einer in jener Zeit zunehmenden generellen Rationalitäts- und Wissenschaftsskepsis. GISELA CSIK

Manfred Eigen / Ruthild Winkler-Oswatitsch

Manfred Eigen

* 9. Mai 1927 in Bochum (Deutschland)

Physik- und Chemiestudium in Göttingen, dort Promotion bei Arnold Eucken; ab 1953 amMax-Planck-Institut für physikalische (seit 1972 biophysikalische) Chemie inGöttingen, dessen interdisziplinären Fachbereich er schuf; ab 1964 Direktor desInstituts; 1967 mit Ronald George Wreyford Norrish und George Porter Nobelpreis fürChemie für Untersuchungen an extrem schnell ablaufenden chemischen Reaktionen; 1971Veröffentlichung einer grundlegenden Arbeit über Selbstorganisation der Materie undEvolution biologischer Makromoleküle, die er experimentell überprüfte (Auftakt derevolutiven Biotechnologie).

Ruthild Winkler-Oswatitsch

* 14. Mai 1941 in Göttingen (Deutschland)

Studium der Chemie an der Technischen Universität Wien; dort 1969 Promotion; danach Mitarbeiterin von M. Eigen; ab 1965 am Max-Planck-Institut für physikalische (seit 1972 biophysikalische) Chemie in Göttingen.

Das Spiel. Naturgesetze steuern den Zufall

Das 1975 erschienene Buch handelt vom Zusammenspiel zwischen Naturgesetzen und Zufällen und geht von folgender Überlegung aus: »Der Mensch ist weder ein Irrtum der Natur, noch sorgt diese automatisch und selbstverständlich für seine Erhaltung. Der Mensch ist Teilnehmer an einem großen Spiel, dessen Ausgang für ihn offen ist. Er muß seine Fähigkeiten voll entfalten, um sich als Spieler zu behaupten und nicht Spielball des Zufalls zu werden.«

Eigen und Winkler stellen zuerst dar, wie ihrer Ansicht nach die »Zähmung des Zufalls« gelungen ist, die vorausgesetzt werden muss, damit Strukturen, Muster und Gestalten entstehen können. Dies gelingt durch »Spiele in Raum und Zeit«, nachdem die Natur das »Überlebensspiel« eingeführt hat, das Charles Darwin im 19. Jh. am klarsten erkannt hat und das als Evolution mit Mutation und Selektion bekannt geworden ist. Eigen und Winkler zeigen, wie sich in dem oft als »Kampf ums Dasein« bezeichneten Wettbewerb die Fähigkeit der Fitness als spielerisch erworbene Qualität verstehen lässt, die in einem naturwissenschaftlichen Zugang erfasst werden kann.

Auf den ersten Blick scheinen die Gesetze der Physik den evolutionären Prozessen zu widersprechen. Zur Physik gehört zum Beispiel der Zweite Hauptsatz der Thermodynamik mit seiner Behauptung, dass spontan nur Unordnung entstehen kann. Die Biologie hingegen erkennt in der Evolution des Lebens eine Zunahme der Ordnung. Eigen und Winkler zeigen, wie eine geeignete Anwendung und Erweiterung der molekularen Gegebenheiten zu eigenständigen Strukturen (dissipative Muster) führen kann, und sie erweitern ihr Gedanken-

spiel über das Biologische mit seinen Metamorphosen der Ordnung hinaus bis in gesellschaftliche Dimensionen hinein und stellen den Weg »Vom Ökosystem zur Industriegesellschaft« dar.

Das abschließende Kapitel spielt »Im Reiche der Ideen«. Hier übernimmt der Begriff der Information eine immer größere Rolle; es geht um »Information und sprachliche Kommunikation«, »Irreversibilität und die Entstehung von Information« und sogar um »Sinn und Grenzen einer Theorie der ästhetischen Information«. Das Buch schließt mit den Worten: »Man kann die Mittel der Kunst analysieren und deduzieren, nicht jedoch das Kunstwerk selber. Man kann die Mittel im Kunstwerk aufspüren. Die Wahrheit des Kunstwerks ist allein in der Wahrhaftigkeit des Künstlers zu suchen. Schöpfung ist nicht falsifizierbar, und das Kunstwerk ist Spiegelbild des ewigen Schöpfungsspiels der Natur. Es verlangt vom Künstler die restlose, das heißt die spielerische Beherrschung der Mittel.«

Das Spiel versucht, in einem umfassenden interdisziplinären Ansatz zu erfassen, wie das Neue entsteht, das die Evolution ebenso hervorbringt wie der kreative Künstler, und zwar jeweils unter der Vorgabe von Naturgesetzen. Es stellt die moderne und naturwissenschaftlich gestützte Version der alten Idee einer ›ars combinatoria‹ dar. ERNST PETER FISCHER

Richard Dawkins

* 26. März 1941 in Nairobi (Kenia)

1941 Rückkehr der Familie aus Nairobi, wo der Vater während des Zweiten Weltkriegs stationiert war, nach England; 1959 Beginn des Zoologie-Studiums in Oxford; Doktorarbeit bei Niko Tinbergen; 1967 Assistenzprofessur in der Zoologie in Berkeley; ab 1969 Dozent für Ethologie in Oxford; ab 1989 Lektor in der Zoologie am Fellow New College; ab 1995 Charles Simonyi Professor für Public Understanding of Science.

Das egoistische Gen / The Selfish Gene

Das 1976 erschienene und sehr erfolgreiche Buch will eine Brücke zwischen Wissenschaft und Öffentlichkeit schlagen. Darwin hatte in seiner Evolutionstheorie die natürliche Selektion auf der Ebene des Individuums oder gar der Gruppe angesiedelt. Dagegen vertrat Dawkins die Meinung, dass die Selektion bei den Genen ansetzt.

The Selfish Gene ist eine Informationssequenz, die in mehreren Kopien in verschiedenen Körpern sitzt. Als Replikator ist es daran interessiert, die Anzahl seiner Kopien zu maximieren. Dabei steht es in Konkurrenz nicht nur mit anderen Genen in anderen Individuen, sondern auch mit solchen in demselben Körper, denn bei jeder sexuellen Fortpflanzung wird nur ein Teil des Genoms auf die nächste Generation übertragen. Organismen sind also bloße Gefäße (»vehicles«) der Gene im Kampf um Überleben, Vermehrung und Verbreitung. Mit ihrer Gen-Perspektive ist die Theorie des egoistischen Gens als Weiterführung des Neodarwinismus zu sehen (der sich natürliche Selektion als nicht-zufällige unterschiedliche Reproduktion von Allelen vorstellt).

Da die Gene ihre »Überlebensmaschine« zu ihrem eigenen Vorteil steuern, ist der Organismus bestrebt, seine »inclusive fitness« (»einschließliche Fitness«) zu maximieren, d.h. möglichst viele Kopien seiner Gene zu verbreiten. Er wird also auch Verwandten helfen, die gewisse Gene mit ihm teilen, unter Umständen sogar dann, wenn das Individuum als Ganzes dadurch nicht profitiert oder gar Nachteile erleidet (»kin altruism«). Hier liegt denn auch die Hauptstärke der

Theorie, weil damit das Problem altruistischen Verhaltens bei Tieren – lange ein Dorn im Auge der Selektionisten – auf recht elegante Weise gelöst scheint. Egoistisches Verhalten auf der Genebene, das zu selbstlosem und aufopferndem Verhalten auf Individuenebene führt, kann als eine evolutionär stabile Strategie innerhalb von Populationen angesehen werden. Dabei können sich vorteilhaftes Verhalten für Individuum und Gen decken, wie etwa im Schutz gegen Krankheit; oder die beiden stehen in Konflikt zueinander, wie etwa in Spinnenpaarungen, bei welchen das Männchen Gefahr läuft, vom Weibchen verzehrt zu werden. Während in niederen Organismen die Steuerung des Organismus durch die Gene groß ist, kann der Mensch gegen seine egoistischen Gene rebellieren und ist mit seiner hohen Intelligenz keineswegs einem bloßen biologischen Determinismus ausgeliefert.

Die Beschreibung des Gens als egoistisch und seiner Strategien und Handlungen als zweckgeleitet haben viel Kritik hervorgerufen. Dawkins verteidigt seinen molekularen Anthropomorphismus als Rhetorik, die ein umständliches ›als ob‹ ersetzt und gleichzeitig eine Kosten-Nutzen-Abwägung in Bezug auf Altruismus, Egoismus, Kooperation und Täuschung erlaubt. Dawkins führt auch den Begriff der »Meme« ein (Kurzform von ›Mimeme‹, Imitation), das kulturelle Äquivalent des Gens. Die Meme – ein Gedanke, ein Lied, eine sprachliche Wendung, ein architektonischer Bauplan – ist die Einheit der kulturellen Evolution. Als Träger kultureller Phänomene ist sie für deren Fortbestehen, Verschwinden oder Wandlung verantwortlich und unterliegt einem Auswahlprozess analog jenes zwischen den Genen. Danach haben kulturelle Entitäten, wie beispielsweise die Mode, ein Eigenleben in Gesellschaften und sind für den Lauf menschlicher Evolution mitverantwortlich. Im Zuge des internationalen Erfolges des Buches haben Dawkins' Gedanken zur Religion besonderes Aufsehen erregt, denn konsequenterweise betrachtet er die Gottesidee als eine Meme mit hohem Überlebenswert.

MARIANNE SOMMER

Stephen Jay Gould

* 10. September 1941 in New York/N. Y. (USA)
† 20. Mai 2002 in New York/N. Y. (USA)

1967 Fertigstellung der Doktorarbeit in Paläontologie an der Columbia University, direkt im Anschluss Anstellung an der Harvard University; 1973 Geologieprofessur; 1981 Agassiz-Professur für Geologie; gleichzeitig am Institut für Wissenschaftsgeschichte; gemeinsam mit Niles Eldredge Entwicklung der Theorie des punktuellen Gleichgewichts (›punctuated equilibrium‹), die entgegen der Darwin'schen Theorie die Artbildung als relativ rasch ablaufenden Prozess konzeptualisiert, gefolgt von längeren Perioden der Stabilität.

Der falsch vermessene Mensch / The Mismeasure of Man

Mit diesem Buch wandte sich der Evolutionsbiologe und Wissenschaftshistoriker 1981 gegen den biologischen Determinismus, also die Vorstellung, dass Unterschiede in Verhaltensnormen sowie ökonomische Unterschiede zwischen Gruppen von Menschen (›Rassen‹, Klassen und Geschlechter) auf deren unterschiedliche biologischen Voraussetzungen zurückzuführen seien. Gould sah im biologischen (heute genetischen) Determinismus eine politische Strategie zur Rechtfertigung sozialer Ungleichheiten. Das Buch richtet sich insbesondere gegen ein Verständnis von Intelligenz als einem einheitlichen, erblichen Phänomen, gegen deren Verdinglichung durch Lokalisation im Gehirn, gegen ihre Quantifizierung durch Messmethoden und schließlich gegen die Verwendung der Messresultate zur hierarchischen Einordnung von Individuen und Gruppen.

Dabei schlug Gould einen von Geisteswissenschaftlern selten gewählten Weg ein. Er zeigte nicht nur die soziale Bedingtheit aller wissenschaftlichen Aktivitäten auf, sondern überprüfte auch die ihren Behauptungen zugrunde liegenden Messdaten. Er kam zu dem Schluss, dass Daten immer wieder bewusst und unbewusst manipuliert worden seien, um die Erwartungen der Wissenschaftler zu erfüllen. Im ersten Teil des Buches befasst sich Gould mit der Kraniometrie des 19. Jh.s, also der vergleichenden Vermessung der äußeren Gestalt von Schädeln und deren Volumen. Er kritisiert u. a. die Studien von

S. Morton und P. Broca, in welchen Menschen aufgrund ihrer Schädel- bzw. Gehirngröße in einer Hierarchie nach ihrer vermeintlichen Intelligenz angeordnet wurden. In Wahrheit, so Gould, ließe sich aus den vorhandenen Daten keine solche Stufenfolge vom ›Schwarzen‹ zum ›Asiaten‹ und ›Weißen‹ (oder zwischen Frau und Mann) herleiten.

Der zweite Teil des Buches widmet sich der Intelligenzmessung durch psychologische Tests im 20. Jh. (in den Einheiten allgemeiner Intelligenz, d. h. IQ/Intelligenzquotient und g-Faktor/›general intelligence‹). Der Erfinder des IQ-Tests, A. Binet, hatte seine Arbeit in der Tradition der Kraniometrie begonnen und eine einfache Korrelation zwischen Schädelgröße und Intelligenz erwartet. Seine Messungen an Schulkindern enttäuschten diese Erwartung jedoch, und es kam zur Abkehr von der kraniometrischen Methode. Entgegen Binets Absicht wurde der IQ in seiner Rezeption in den USA als Einheit verstanden, die auf eine angeborene Intelligenz verweist. Daraus folgte die Ausweitung des Intelligenztests zu einem gesellschaftspolitischen Programm, welches die Bevölkerung vor ›Schwachsinnigen‹ und ›minderintelligenten Rassen‹ durch Maßnahmen wie Institutionalisierung und Einwanderungsbeschränkung schützen sollte.

In seiner Kritik setzte Gould in erster Linie bei der Problematik der Korrelation an. Selbst wenn verschiedene Menschengruppen sich durch ihr erblich angelegtes Intelligenzpotential unterschieden (was im Buch verneint wird), würde daraus nicht folgen, dass die tatsächlich vorgefundenen Unterschiede erblichen oder nicht kulturellen Ursprungs sind. Gould zeigt also die Naivität eines anhaltenden biologischen Determinismus auf, der insbesondere in Bezug auf ein so komplexes Merkmal wie Intelligenz schwer haltbar ist. Das Werk war und ist ein Verkaufserfolg und wurde größtenteils gut aufgenommen, mit Ausnahme jener politisch konservativen Kreise der amerikanischen Psychologie, die immer noch bestrebt sind, kognitive Unterschiede zwischen der weißen und schwarzen Bevölkerung (und/oder zwischen Bevölkerungsschichten) auszumachen.

Auf den erneuten Ausschlag des Popularitätspendels in Richtung Biodeterminismus, ausgelöst durch *The Bell Curve* (1994) von R. Herrnstein und C. Murray, hat Gould schließlich 1996 mit einer Neuauflage geantwortet. Während der Haupttextkörper nur geringfügige Änderungen aufweist, nimmt Gould in einer neuen Einführung auf persönliche Weise zur aktuellen Problematik Stellung und diskutiert diese detaillierter in neu angefügten Aufsätzen. MARIANNE SOMMER

Richard Phillips Feynman

* 15. November 1918 in New York/N.Y. (USA)
† 15. Februar 1988 in Los Angeles/Calif. (USA)

Physikstudium am Massachusetts Institute of Technology, 1939 Promotion an der Universität Princeton; führte zahlreiche neue Ansätze zur Berechnung und zum Verständnis quantenphysikalischer Phänomene ein; Beteiligung am US-Atombombenprojekt, ab 1950 am California Institute of Technology; brillanter und öffentlichkeitswirksamer Vertreter der theoretischen Physik; Nobelpreis 1965 mit Julian Schwinger und Shinichiro Tomonaga.

QED – Die seltsame Theorie des Lichts und der Materie / QED. The Strange Theory of Light and Matter

Der 1985 veröffentlichte Band enthält vier 1983 für ein Laienpublikum gehaltene Gedächtnis-Vorlesungen über Quantenelektrodynamik. Der durch seine innovativen Lehrbücher für Physikstudenten und Anekdotenbände (u.a. *Surely you're joking, Mr. Feynman*) bekannte Autor kommuniziert in seinen allgemeinverständlichen Vorlesungen über eine der abstraktesten Theorien der Physik einen Ansatz zur Wissenschaftsvermittlung, der zuvor vor allem innerhalb der angelsächsischen Tradition von Lehrbüchern bestand (vgl. P. Dirac: *Principles of Quantum Mechanics*).

Feynman steckt sich das Ziel, »die seltsame Theorie des Lichtes und der Materie oder richtiger, die Wechselwirkung zwischen Licht und Elektronen, so genau wie irgend möglich zu beschreiben«. Dabei versuchte er, auf zwei typische Elemente der Wissenschaftspopularisierung zu verzichten: die Verfälschung der Inhalte durch problematische Vergleiche oder irreführende Analogien und den Anspruch, Verständnis für die wissenschaftlichen Theorien zu vermitteln. Frei von der gebräuchlichen Rhetorik, die etwa auch die Schriften Einsteins oder Heisenbergs durchzieht, dass die Physik philosophische Fragen beantworten könne, offenbart Feynman den Lesern, dass die moderne Physik die Natur lediglich beschreiben, nicht aber erklären könne. So ist die Quantenelektrodynamik (QED) als Theorie über die Wechselwirkung von Materie und Licht die bis heute mit der größten

Genauigkeit experimentell bestätigte naturwissenschaftliche Theorie überhaupt, deren Gesetzmäßigkeiten und Berechnungsvorschriften jedoch laut Feynman nicht zu begreifen, sondern nur zu erlernen sind. Indem er zugibt, ebenso wenig wie sein Leser die QED ›verstehen‹ zu können, vermittelt Feynman der Öffentlichkeit ein pragmatisches Wissenschaftsbild, das stellvertretend für den Erfolg der US-amerikanischen Forschung stehen mag: »Wir Physiker haben uns mit diesem Problem herumgeschlagen und einsehen müssen, daß es *nicht* darauf ankommt, ob uns eine Theorie paßt oder nicht. Sondern darauf, ob die Theorie Vorhersagen erlaubt, die mit den Experimenten übereinstimmen. [...] Die Natur, wie sie die Quantenelektrodynamik beschreibt, erscheint dem gesunden Menschenverstand absurd. Dennoch decken sich Experiment und Theorie. Und so hoffe ich, daß Sie die Natur akzeptieren können, wie sie ist – absurd.« ARNE SCHIRRMACHER

FSC
www.fsc.org
MIX
Papier aus verantwortungsvollen Quellen
FSC® C004472

Gedruckt auf chlorfrei gebleichtem, säurefreiem und alterungsbeständigem Papier

Bibliografische Information der Deutschen Nationalbibliothek
Die Deutsche Nationalbibliothek verzeichnet diese Publikation in der Deutschen Nationalbibliografie; detaillierte bibliografische Daten sind im Internet über http://dnb.d-nb.de abrufbar.

ISBN 978-3-476-04059-6

Dieses Werk einschließlich aller seiner Teile ist urheberrechtlich geschützt. Jede Verwertung außerhalb der engen Grenzen des Urheberrechtsgesetzes ist ohne Zustimmung des Verlages unzulässig und strafbar. Das gilt insbesondere für Vervielfältigungen, Übersetzungen, Mikroverfilmungen und die Einspeicherung und Verarbeitung in elektronischen Systemen.

© 2016 J.B. Metzler Verlag GmbH
In Lizenz der Kindler Verlag GmbH
www.metzlerverlag.de
info@metzlerverlag.de

Gestaltung: Finken & Bumiller, Stuttgart
(Umschlagfoto: akg-images / Gilles Mermet)
Satz: Dörlemann Satz, Lemförde
Druck und Bindung: TenBrink, Meppel, Niederlande